日本産コガネムシ上科図説

第1巻 食糞群 〈普及版〉
コガネムシ研究会 監修
川井 信矢・堀 繁久・河原 正和・稲垣 政志 編・著

Atlas of Japanese Scarabaeoidea
Vol.1 Coprophagous group

Editorial Supervisor : The Japanese Society of Scarabaeoideans
Editors & Authors : Shinya KAWAI, Shigehisa HORI, Masakazu KAWAHARA and Masashi INAGAKI

September, 2008 by Roppon-Ashi Entomological Books (Tokyo, JAPAN)   昆虫文献 六本脚

中表紙「海鳥に群るオオコブスジコガネ」(邱承宗 画)

序

クワガタムシ，コガネムシ，ハナムグリなどからなるコガネムシ上科の甲虫は，我が国に440種以上，世界では20,000種以上が知られ，奇抜な形態の種や大型美麗種が少なくないことから，研究者・愛好者の多いグループです．本シリーズは，コガネムシ研究会の有志が集まり執筆・編集しているもので，3巻に分けて日本産のコガネムシ上科全種を図示していきます．本書は，2005年8月に発行された「第1巻 食糞群」の内容を変えずに価格を下げ，昆虫好きの青少年を中心により多くの自然愛好者に利用していただくため，廉価版として発売したものです．また，元の図鑑より小型・軽量になったため，フィールドや採集旅行に持ち運べる利便性が加わりました．元の図鑑同様，2005年5月31日現在有効な日本産広義食糞性コガネムシ152種9亜種を掲載していますが，巻末に2008年7月31日までに新たに加わった種のリストを載せましたので，本書で見つけられない種はそちらを参照下さい．

本シリーズの特徴は，種の同定が誰にでも簡単に写真比較によってできるよう，日本産全既知種を1種1頁に鮮明な10カット以上の写真でカラー図示した点で，スペースの大半を画像にさいた結果，その他の文字情報は最小限にとどめました．従って，分類的事項や分布の詳細，その他の関連情報は，コガネムシ研究会から出版された「日本産コガネムシ上科総目録」(藤岡昌介，2001)を参照下さい．

自然破壊や温暖化の進行によって，また遊びの多様化や受験戦争によって，子供たちが自然の中で昆虫と戯れることが激減し相当な年月が経ちました．裏山や空き地は住宅地となって消え，夏休みの自由研究から昆虫標本の姿が消え，いわゆる「昆虫少年少女」は少なくなりました．本シリーズがきっかけとなって，ふたたび雑木林で目を爛々と輝かせて昆虫を追う少年少女が一人でも増えたとしたら，我々にとって望外の喜びです．

2008年7月　著者一同

謝　辞

本書の出版にあたり，以下の諸氏より様々な情報，標本，文献，助言など広範囲に渡るご協力をいただきました．巻頭にあたり名を付して深謝いたします．特に，コガネムシ研究会の幹事・顧問の皆様および会員の皆様のご協力なしには，この図鑑の完成はありえませんでした．そして，ここに記しきれないすべての同好の皆様に，心よりお礼申し上げます．

秋田 勝己, 安細 元啓, 荒谷 邦雄, Ballerio Alberto, Chen Keh-miin, 故・江本 健一, 遠藤 一之, 藤岡 昌介, 深石 隆司, 羽田 孝吉, 花谷 達郎, 平井 剛夫, 平山 拓也, 堀口 徹, 故・市橋 甫, 池田 正清, 稲田 悟司, 稲垣 信吾, 故・石田 正明, 岩瀬 一男, 常喜 豊, 金田 吉高, 金井 直樹, 金子 潔, 烏山 邦夫, 河原 大耕, 河原 安孝, 木内 信, 近 雅博, 栗原 桂一, 栗原 隆, Lien Yu-Yi, Lizler Robert, 前田 芳之, 真野 俊作, 丸山 宗利, 益本 仁雄, 松本 武, 松本 英明, 三村 義友, 三宅 武, 故・三宅 義一, 水沢 清行, 水田 國康, 森 正人, 森 一規, 森川 清志, 村本 理恵子, 永井 信二, 中野 克也, 生川 展行, 新居 悟, 西 真弘, 西田 光康, 西野 洋樹, 野林 千枝, 小幡 幸正, 越智 輝雄, 大原 昌宏, 大山 克也, 乙部 宏, Pittino Riccardo, 酒井 香, 佐野 信雄, Schoolmeesters Paul, 島田 孝, 庄田 達巳, 菅谷 洋, 杉田 守輝, 高桑 正敏, 田中 勇, 塚本 珪一, 堤内 雄二, 上田 裕, 和田 薫, 山内 英治, 山屋 茂人, 保田 信記, 横関 秀行 (敬称略，アルファベット順)．

目 次 CONTENTS

凡例 6
各部位の名称（背面）... 8
各部位の名称（腹面）... 9
図解検索
  1. コガネムシ上科の科の検索 10
  2. コブスジコガネ科の属の検索 11
  3. ムネアカセンチコガネ科の属の検索 11
  4. コガネムシ科の亜科の検索（食糞群）... 12
  5. タマオシコガネ亜科の属の検索 12
  6. マグソコガネ亜科の属の検索 13
  7. ニセマグソコガネ亜科の属の検索 14
  8. マグソコガネ属の近縁関係 14

本編
Superfamily SCARABAEOIDEA　コガネムシ上科

Family TROGIDAE　コブスジコガネ科
  Genus *Trox* Fabricius, 1775　コブスジコガネ属
    1.　*Trox* (*Trox*) *kyotensis* Ochi et Kawahara, 2000　キョウトチビコブスジコガネ 16
    2.　*Trox* (*Trox*) *mandli* Balthasar, 1931　ヘリトゲコブスジコガネ 17
    3.　*Trox* (*Trox*) *matsudai* Ochi et Hori, 1999　マツダコブスジコガネ 18
    4.　*Trox* (*Trox*) *mutsuensis* Nomura, 1937　ムツコブスジコガネ 19
    5.　*Trox* (*Trox*) *niponensis* Lewis, 1895　チビコブスジコガネ 20
    6.　*Trox* (*Trox*) *nohirai* Nakane, 1954　コブナシコブスジコガネ 21
    7.　*Trox* (*Trox*) *opacotuberculatus* Motschulsky, 1860　ヒメコブスジコガネ 22
    8.　*Trox* (*Trox*) *sabulosus fujiokai* Ochi, 2000　マルコブスジコガネ　日本亜種 23
    9-1.　*Trox* (*Trox*) *setifer setifer* Waterhouse, 1875　アイヌコブスジコガネ　原名亜種 24
    9-2.　*Trox* (*Trox*) *setifer horiguchii* Ochi et Kawahara, 2002　アイヌコブスジコガネ　対馬亜種 ... 25
    10.　*Trox* (*Trox*) *sugayai* Masumoto et Kiuchi, 1995　アマミコブスジコガネ 26
    11-1.　*Trox* (*Trox*) *uenoi uenoi* Nomura, 1961　ウエノコブスジコガネ　原名亜種 27
    11-2.　*Trox* (*Trox*) *uenoi matsumurai* Y. Miyake et Yamaya, 1995　ウエノコブスジコガネ　沖縄島亜種 ... 28
    12.　*Trox* (*Trox*) *yamayai* Nakane, 1983　サキシマコブスジコガネ 29

  Genus *Omorgus* Erichson, 1847　オオコブスジコガネ属
    13.　*Omorgus* (*Afromorgus*) *chinensis* (Boheman, 1858)　オオコブスジコガネ 30

Family CERATOCANTHIDAE　マンマルコガネ科
  Genus *Madrasostes* Paulian, 1975　マンマルコガネ属
    14-1.　*Madrasostes kazumai kazumai* Ochi, Johki et Nakata, 1990　マンマルコガネ　原名亜種 ... 31
    14-2.　*Madrasostes kazumai hisamatsui* Ochi, 1990　マンマルコガネ　八重山諸島亜種 32

Family BOLBOCERATIDAE　ムネアカセンチコガネ科
  Genus *Bolbelasmus* Boucomont, [1911]　トビイロセンチコガネ属
    15.　*Bolbelasmus nativus ishigakiensis* Masumoto, 1984　イシガキトビイロセンチコガネ　日本亜種 ... 33
    16.　*Bolbelasmus shibatai* Masumoto, 1984　アマミトビイロセンチコガネ 34

  Genus *Bolbochromus* Boucomont, 1909　キボシセンチコガネ属
    17.　*Bolbochromus ryukyuensis* Masumoto, 1984　キボシセンチコガネ 35

  Genus *Bolbocerosoma* Schaeffer, 1906　ムネアカセンチコガネ属
    18.　*Bolbocerosoma* (*Bolbocerodema*) *nigroplagiatum* (Waterhouse, 1875)　ムネアカセンチコガネ ... 36

Family GEOTRUPIDAE　センチコガネ科
Tribe CHROMOGEOTRUPINI　オオセンチコガネ族
  Genus *Phelotrupes* Jekel, [1866]　オオセンチコガネ属
    19-1.　*Phelotrupes* (*Chromogeotrupes*) *auratus auratus* (Motschulsky, 1857)　オオセンチコガネ　原名亜種 ... 38
    19-2.　*Phelotrupes* (*Chromogeotrupes*) *auratus yaku* (Tsukamoto, 1958)　オオセンチコガネ　屋久島亜種 ... 40
    20.　*Phelotrupes* (*Eogeotrupes*) *oshimanus* (Fairmaire, 1895)　オオシマセンチコガネ 41
    21.　*Phelotrupes* (*Eogeotrupes*) *laevistriatus* (Motschulsky, 1857)　センチコガネ 42

Family HYBOSORIDAE　アツバコガネ科
  Genus *Phaeochrous* Castelnau, 1840　アツバコガネ属
    22.　*Phaeochrous emarginatus emarginatus* Castelnau, 1840　フチトリアツバコガネ　原名亜種 ... 44
    23.　*Phaeochrous tokaraensis* Nomura, 1961　ヒメフチトリアツバコガネ 45

Family OCHODAEIDAE　アカマダラセンチコガネ科
Subfamily OCHODAEINAE　アカマダラセンチコガネ亜科
Tribe OCHODAEINI　アカマダラセンチコガネ族

Genus *Ochodaeus* Le Peletier et Serville, 1828　アカマダラセンチコガネ属
  24.　*Ochodaeus asahinai* Y. Kurosawa, 1968　アサヒナアカマダラセンチコガネ ---------- 46
  25-1.　*Ochodaeus interruptus interruptus* Y. Kurosawa, 1968　オキナワアカマダラセンチコガネ　原名亜種 ---------- 47
  25-2.　*Ochodaeus interruptus kurosawai* Ochi et Kawai, 2002　オキナワアカマダラセンチコガネ　奄美・沖縄亜種 ---------- 48
  26.　*Ochodaeus maculatus maculatus* Waterhouse, 1875　アカマダラセンチコガネ　原名亜種 ---------- 49

Family SCARABAEIDAE　コガネムシ科
Subfamily SCARABAEINAE　タマオシコガネ亜科
Tribe CANTHONINI　マメダルマコガネ族
 Genus *Panelus* Lewis, 1895　マメダルマコガネ属
  27.　*Panelus ovatus* Nomura, 1973　マルダルマコガネ ---------- 50
  28.　*Panelus parvulus* (Waterhouse, 1874)　マメダルマコガネ ---------- 51
  29.　*Panelus rufulus* Nomura, 1973　アカダルマコガネ ---------- 52

Tribe DICHOTOMIINI　ダルマコガネ族
 Genus *Paraphytus* Harold, 1877　ダルマコガネ属
  30.　*Paraphytus dentifrons* (Lewis, 1895)　ダルマコガネ ---------- 53

Tribe COPRINI　ダイコクコガネ族
 Genus *Copris* Müller, 1776　ダイコクコガネ属
  31.　*Copris* (*Copris*) *acutidens* Motschulsky, 1860　ゴホンダイコクコガネ ---------- 54
  32.　*Copris* (*Copris*) *brachypterus* Nomura, 1964　マルダイコクコガネ ---------- 55
  33.　*Copris* (*Copris*) *ochus* (Motschulsky, 1860)　ダイコクコガネ ---------- 56
  34.　*Copris* (*Copris*) *pecuarius* Lewis, 1884　ミヤマダイコクコガネ ---------- 57
  35.　*Copris* (*Copris*) *tripartitus* Waterhouse, 1875　ヒメダイコクコガネ ---------- 58

Tribe ONITICELLINI　ツノコガネ族
 Genus *Liatongus* Reitter, [1893]　ツノコガネ属
  36.　*Liatongus* (*Liatongus*) *minutus* (Motschulsky, 1860)　ツノコガネ ---------- 59

Tribe ONTHOPHAGINI　エンマコガネ族
 Genus *Caccobius* Thomson, 1859　コエンマコガネ属
  37.　*Caccobius brevis* Waterhouse, 1875　ヒメコエンマコガネ ---------- 60
  38.　*Caccobius jessoensis* Harold, 1867　マエカドコエンマコガネ ---------- 61
  39.　*Caccobius nikkoensis* (Lewis, 1895)　ニッコウコエンマコガネ ---------- 62
  40.　*Caccobius suzukii* Matsumura, 1936　スズキコエンマコガネ ---------- 63
  41.　*Caccobius unicornis* (Fabricius, 1798)　チビコエンマコガネ ---------- 64

 Genus *Onthophagus* Latreille, 1802　エンマコガネ属
  42.　*Onthophagus* (*Onthophagus*) *bivertex* Heyden, 1887　シナノエンマコガネ ---------- 65
  43.　*Onthophagus* (*Onthophagus*) *gibbulus* (Pallas, 1781)　チャバネエンマコガネ ---------- 66
  44.　*Onthophagus* (*Onthophagus*) *ocellatopunctatus* Waterhouse, 1875　アラメエンマコガネ ---------- 67
  45.　*Onthophagus* (*Onthophagus*) *olsoufieffi* Boucomont, 1924　ウエダエンマコガネ ---------- 68
  46.　*Onthophagus* (*Onthophagus*) *shirakii* Nakane, 1960　ネアカエンマコガネ ---------- 69
  47.　*Onthophagus* (*Onthophagus*) *trituber trituber* (Wiedemann, 1823)　ミツコブエンマコガネ　原名亜種 ---------- 70
  48.　*Onthophagus* (*Indachorius*) *suginoi* Ochi, 1984　ヤンバルエンマコガネ ---------- 71
  49.　*Onthophagus* (*Strandius*) *japonicus* Harold, 1874　ヤマトエンマコガネ ---------- 72
  50.　*Onthophagus* (*Strandius*) *lenzii* Harold, 1874　カドマルエンマコガネ ---------- 73
  51.　*Onthophagus* (*Strandius*) *oshimanus* Nakane, 1960　オオシマエンマコガネ ---------- 74
  52.　*Onthophagus* (*Strandius*) *yakuinsulanus* Nakane, 1984　ヤクシマエンマコガネ ---------- 75
  53.　*Onthophagus* (*Parascatonomus*) *acuticollis sakishimanus* Nomura, 1976　トガリエンマコガネ　日本亜種 ---------- 76
  54.　*Onthophagus* (*Parascatonomus*) *aokii* Nomura, 1976　ヨナグニエンマコガネ ---------- 77
  55.　*Onthophagus* (*Parascatonomus*) *itoi* Nomura, 1976　オキナワエンマコガネ ---------- 78
  56.　*Onthophagus* (*Parascatonomus*) *miyakei* Ochi et Araya, 1992　オオツヤエンマコガネ ---------- 79
  57-1.　*Onthophagus* (*Parascatonomus*) *murasakianus murasakianus* Nomura, 1976　ムラサキエンマコガネ　原名亜種 ---------- 80
  57-2.　*Onthophagus* (*Parascatonomus*) *murasakianus carnarius* Nomura, 1976　ムラサキエンマコガネ　奄美・沖縄亜種 ---------- 81
  57-3.　*Onthophagus* (*Parascatonomus*) *murasakianus miyakoinsularis* Ochi, Y. Miyake et Kusui, 1999　ムラサキエンマコガネ　宮古島亜種 ---------- 82
  58.　*Onthophagus* (*Parascatonomus*) *nitidus* Waterhouse, 1875　ツヤエンマコガネ ---------- 83
  59.　*Onthophagus* (*Parascatonomus*) *shibatai* Nakane, 1960　アマミエンマコガネ ---------- 84
  60.　*Onthophagus* (*Parascatonomus*) *tricornis* (Wiedemann, 1823)　ミツノエンマコガネ ---------- 85
  61.　*Onthophagus* (*Matashia*) *lutosopictus* Fairmaire, 1897　アカマダラエンマコガネ ---------- 86
  62.　*Onthophagus* (*Matashia*) *ohbayashii* Nomura, 1939　ナガスネエンマコガネ ---------- 87
  63.　*Onthophagus* (*Paraphanaeomorphus*) *argyropygus* Gillet, 1927　トビイロエンマコガネ ---------- 88
  64.　*Onthophagus* (*Gibbonthophagus*) *amamiensis* Nomura, 1965　ウシツノエンマコガネ ---------- 89
  65.　*Onthophagus* (*Gibbonthophagus*) *apicetinctus* D'Orbigny, 1898　ヤエヤマコブマルエンマコガネ ---------- 90
  66.　*Onthophagus* (*Gibbonthophagus*) *atripennis* Waterhouse, 1875　コブマルエンマコガネ ---------- 91
  67.　*Onthophagus* (*Gibbonthophagus*) *viduus* Harold, 1874　マルエンマコガネ ---------- 92
  68.　*Onthophagus* (*Phanaeomorphus*) *ater* Waterhouse, 1875　クロマルエンマコガネ ---------- 93
  69.　*Onthophagus* (*Phanaeomorphus*) *fodiens* Waterhouse, 1875　フトカドエンマコガネ ---------- 94

Genus *Digitonthophagus* Balthasar, 1959　ガゼラエンマコガネ属
　　70.　　*Digitonthophagus gazella* (Fabricius, 1787)　ガゼラエンマコガネ -- 95

Subfmily APHODIINAE　マグソコガネ亜科
Tribe APHODIINI　マグソコガネ族
　Genus *Aphodius* Illiger, 1798　マグソコガネ属
　　71.　　*Aphodius* (*Colobopterus*) *propraetor* Balthasar, 1932　ニセオオマグソコガネ -------------------------- 96
　　72.　　*Aphodius* (*Colobopterus*) *quadratus* Reiche, 1847　オオマグソコガネ ------------------------------- 97
　　73.　　*Aphodius* (*Teuchestes*) *brachysomus* Solsky, 1874　セマルオオマグソコガネ ------------------------ 98
　　74.　　*Aphodius* (*Otophorus*) *haemorrhoidalis* (Linnaeus, 1758)　ツマベニマグソコガネ ---------------- 99
　　75.　　*Aphodius* (*Sinodiapterna*) *troitzkyi* Jacobson, [1898]　マルツヤマグソコガネ ------------------ 100
　　76.　　*Aphodius* (*Pleuraphodius*) *lewisii* Waterhouse, 1875　コスジマグソコガネ --------------------- 101
　　77.　　*Aphodius* (*Stenotothorax*) *hibernalis hibernalis* (Nakane et Tsukamoto, 1956)　クチキマグソコガネ　原名亜種 --------- 102
　　78.　　*Aphodius* (*Pharaphodius*) *marginellus* (Fabricius, 1781)　ウスチャマグソコガネ --------------- 103
　　79.　　*Aphodius* (*Pharaphodius*) *rugosostriatus* Waterhouse, 1875　スジマグソコガネ ---------------- 104
　　80.　　*Aphodius* (*Ammoecius*) *yamato* Nakane, 1960　クロツブマグソコガネ ---------------------------- 105
　　81.　　*Aphodius* (*Aganocrossus*) *urostigma* Harold, 1862　フチケマグソコガネ ---------------------- 106
　　82.　　*Aphodius* (*Acrossus*) *atratus* Waterhouse, 1875　クロツヤマグソコガネ --------------------- 107
　　83.　　*Aphodius* (*Acrossus*) *igai* Nakane, 1956　イガクロツヤマグソコガネ --------------------------- 108
　　84.　　*Aphodius* (*Acrossus*) *japonicus* Nomura et Nakane, 1951　オオクロツヤマグソコガネ --------- 109
　　85.　　*Aphodius* (*Acrossus*) *rufipes* (Linnaeus, 1758)　オオツヤマグソコガネ --------------------- 110
　　86.　　*Aphodius* (*Acrossus*) *superatratus* Nomura et Nakane, 1951　トゲクロツヤマグソコガネ ----- 111
　　87.　　*Aphodius* (*Acrossus*) *unifasciatus* Nomura et Nakane, 1951　クロオビマグソコガネ ---------- 112
　　88.　　*Aphodius* (*Paulianellus*) *maderi* Balthasar, 1938　コツヤマグソコガネ --------------------- 113
　　89.　　*Aphodius* (*Aphodaulacus*) *variabilis* Waterhouse, 1875　クロモンマグソコガネ -------------- 114
　　90.　　*Aphodius* (*Brachiaphodius*) *ecoptus* Bates, 1889　ケブカマグソコガネ -------------------- 115
　　91.　　*Aphodius* (*Trichaphodius*) *atsushii* Ochi, 1986　アマミヒメケブカマグソコガネ --------------- 116
　　92.　　*Aphodius* (*Trichaphodius*) *comatus* Ad. Schmidt, [1921]　ヒメケブカマグソコガネ ---------- 117
　　93.　　*Aphodius* (*Nipponaphodius*) *gotoi* Nomura et Nakane, 1951　ツヤケシマグソコガネ --------- 118
　　94.　　*Aphodius* (*Aparammoecius*) *isaburoi* Nakane, 1956　チャグロマグソコガネ ------------------- 119
　　95.　　*Aphodius* (*Aparammoecius*) *mizo* Nakane, 1967　ミゾマグソコガネ ---------------------------- 120
　　96.　　*Aphodius* (*Aparammoecius*) *pallidiligonis* Waterhouse, 1875　ネグロマグソコガネ --------- 121
　　97.　　*Aphodius* (*Esymus*) *pusillus* (Herbst, 1789)　コマグソコガネ ---------------------------- 122
　　98.　　*Aphodius* (*Phalacronothus*) *botulus* Balthasar, 1945　ヒメコマグソコガネ --------------- 123
　　99.　　*Aphodius* (*Chilothorax*) *nigrotessellatus* (Motschulsky, 1866)　セマダラマグソコガネ ---- 124
　　100.　*Aphodius* (*Chilothorax*) *ohishii* Masumoto, 1975　アマミセマダラマグソコガネ ---------------- 125
　　101.　*Aphodius* (*Chilothorax*) *okadai* Nakane, 1951　オビモンマグソコガネ --------------------- 126
　　102.　*Aphodius* (*Chilothorax*) *punctatus* Waterhouse, 1875　キマダラマグソコガネ --------------- 127
　　103.　*Aphodius* (*Aphodiellus*) *impunctatus* Waterhouse, 1875　ツヤマグソコガネ ----------------- 128
　　104.　*Aphodius* (*Phaeaphodius*) *rectus* (Motschulsky, 1866)　マグソコガネ ---------------------- 129
　　105.　*Aphodius* (*Aphodius*) *elegans elegans* Allibert, 1847　オオフタホシマグソコガネ　原名亜種 ---------- 130
　　106.　*Aphodius* (*Bodilus*) *sordidus* (Fabricius, 1775)　ヨツボシマグソコガネ ------------------- 131
　　107.　*Aphodius* (*Acanthobodilus*) *languidulus* Ad. Schmidt, 1916　キバネマグソコガネ --------- 132
　　108.　*Aphodius* (*Agrilinus*) *breviusculus* (Motschulsky, 1866)　ヌバタママグソコガネ ------------ 133
　　109.　*Aphodius* (*Agrilinus*) *hasegawai* Nomura et Nakane, 1951　ヒメスジマグソコガネ --------- 134
　　110.　*Aphodius* (*Agrilinus*) *ishidai* Masumoto et Kiuchi, 1987　ニセヌバタママグソコガネ ------ 135
　　111.　*Aphodius* (*Agrilinus*) *madara* Nakane, 1960　マダラヒメスジマグソコガネ ------------------- 136
　　112.　*Aphodius* (*Agrilinus*) *ritsukoae* Kawai , 2004　オオスジマグソコガネ --------------------- 137
　　113.　*Aphodius* (*Agrilinus*) *uniformis* Waterhouse, 1875　エゾマグソコガネ ------------------- 138
　　114.　*Aphodius* (*Agoliinus*) *kiuchii* Masumoto, 1984　ダイセツマグソコガネ ------------------- 139
　　115.　*Aphodius* (*Agoliinus*) *morii* Nakane, 1983　ニセマキバマグソコガネ ------------------------- 140
　　116.　*Aphodius* (*Agoliinus*) *setchan* Masumoto, 1984　キタミヤママグソコガネ ------------------- 141
　　117.　*Aphodius* (*Agoliinus*) *shibatai* Nakane, 1983　タカネニセマキバマグソコガネ -------------- 142
　　118.　*Aphodius* (*Agoliinus*) *tanakai* Masumoto, 1981　ニッコウマグソコガネ ------------------- 143
　　119.　*Aphodius* (*Nipponoagoliinus*) *yasutakai* Ochi et Kawahara, 2001　トガリズネマグソコガネ ------ 144
　　120.　*Aphodius* (*Planolinus*) *pratensis* Nomura et Nakane, 1951　マキバマグソコガネ ---------- 145
　　121.　*Aphodius* (*Subrinus*) *sturmi* Harold, 1870　ヒメキイロマグソコガネ ---------------------- 146
　　122.　*Aphodius* (*Calamosternus*) *uniplagiatus* Waterhouse, 1875　オビマグソコガネ ------------ 147
　　123.　*Aphodius* (*Labarrus*) *sublimbatus* Motschulsky, 1860　ウスイロマグソコガネ ------------- 148

Genus *Mozartius* Nomura et Nakane, 1951　マルマグソコガネ属
　　124.　*Mozartius jugosus* (Lewis, 1895)　マルマグソコガネ -- 149
　　125.　*Mozartius kyushuensis* Ochi , Kawahara et Kawai, 2002　キュウシュウマルマグソコガネ -------- 150
　　126-1.　*Mozartius testaceus testaceus* Nomura et Nakane, 1951　ダルマグソコガネ　原名亜種 --------- 151
　　126-2.　*Mozartius testaceus shikokuensis* Masumoto, 1984　ダルマグソコガネ　四国亜種 ----------- 152
　　127-1.　*Mozartius uenoi uenoi* Masumoto, 1984　ウエノマルマグソコガネ　原名亜種 ------------------- 153
　　127-2.　*Mozartius uenoi hadai* Kawai, 2003　ウエノマルマグソコガネ　九州亜種 --------------------- 154

Genus *Oxyomus* Stephens, 1839　ムネミゾマグソコガネ属
　　128.　*Oxyomus ishidai* Nakane, 1977　チドリムネミゾマグソコガネ --------------------------------- 155

Tribe EUPARIINI　クロツツマグソコガネ族
　Genus *Saprosites* Redtenbacher, 1858　クロツツマグソコガネ属
　　129.　*Saprosites japonicus* Waterhouse, 1875　クロツツマグソコガネ　-------- 156
　　130.　*Saprosites narae* Lewis, 1895　ヒメツツマグソコガネ　-------- 157

　Genus *Ataenius* Harold, 1867　ニセツツマグソコガネ属
　　131.　*Ataenius australasiae* (Bohemann, 1858)　オオニセツツマグソコガネ　-------- 158
　　132.　*Ataenius pacificus* (Sharp, 1879)　ナンヨウニセツツマグソコガネ　-------- 159
　　133.　*Ataenius picinus* Harold, 1867　ヤエヤマニセツツマグソコガネ　-------- 160

Tribe DIALYTINI　フトツツマグソコガネ族
　Genus *Setylaides* Stebnicka, 1994　フトツツマグソコガネ属
　　134.　*Setylaides foveatus* (Ad. Schmidt, 1909)　フトツツマグソコガネ　-------- 161

Tribe PSAMMODIINI　ケシマグソコガネ族
　Genus *Petrovitzius* Rakovič, 1979　アイヌケシマグソコガネ属
　　135.　*Petrovitzius ainu* (Lewis, 1895)　アイヌケシマグソコガネ　-------- 162
　　136.　*Petrovitzius thailandicus* (Balthasar, 1965)　タイケシマグソコガネ　-------- 163

　Genus *Psammodius* Fallén, 1807　ケシマグソコガネ属
　　137.　*Psammodius convexus* Waterhouse, 1875　セマルケシマグソコガネ　-------- 164
　　138.　*Psammodius kondoi* Masumoto, 1984　サキシマケシマグソコガネ　-------- 165

　Genus *Leiopsammodius* Rakovič, 1981　ヤマトケシマグソコガネ属
　　139.　*Leiopsammodius japonicus* (Harold, 1878)　ヤマトケシマグソコガネ　-------- 166

Tribe RHYSSEMINI　ホソケシマグソコガネ族
　Genus *Trichiorhyssemus* Clouët, 1901　ホソケシマグソコガネ属
　　140.　*Trichiorhyssemus asperulus* (Waterhouse, 1875)　ホソケシマグソコガネ　-------- 167
　　141.　*Trichiorhyssemus kitayamai* Ochi, Kawahara et Kawai, 2001　キタヤマホソケシマグソコガネ　-------- 168

　Genus *Neotrichiorhyssemus* Rakovič et Kral, 1997　ヒメケシマグソコガネ属
　　142.　*Neotrichiorhyssemus esakii* (Nomura, 1943)　ヒメケシマグソコガネ　-------- 169

Subtribe RHYSSEMINA　コケシマグソコガネ亜族
　Genus *Myrhessus* Balthasar, 1955　コケシマグソコガネ属
　　143.　*Myrhessus samurai* (Balthasar, 1941)　コケシマグソコガネ　-------- 170

Tribe ODOCHILINI　スジケシマグソコガネ族
　Genus *Odochilus* Harold, 1877　スジケシマグソコガネ属
　　144.　*Odochilus* (*Parodochilus*) *convexus* Nomura, 1971　スジケシマグソコガネ　-------- 171

Tribe RHYPARINI　カクマグソコガネ族
　Genus *Rhyparus* Westwood, 1843　カクマグソコガネ属
　　145.　*Rhyparus azumai azumai* Nakane, 1956　セスジカクマグソコガネ　原名亜種　-------- 172
　　146.　*Rhyparus helophoroides* Fairmaire, 1893　ヒメセスジカクマグソコガネ　-------- 173
　　147.　*Rhyparus kitanoi kitanoi* Y. Miyake, 1982　キュウシュウカクマグソコガネ　原名亜種　-------- 174

Subfamily AEGIALIINAE　ニセマグソコガネ亜科
Tribe AEGIALIINI　ニセマグソコガネ族
　Genus *Aegialia* Latreille, 1807　ニセマグソコガネ属
　　148.　*Aegialia* (*Aegialia*) *nitida* Waterhouse, 1875　ニセマグソコガネ　-------- 175

　Genus *Psammoporus* Thomson, 1863　ナガニセマグソコガネ属
　　149.　*Psammoporus comis* (Lewis, 1895)　ナガニセマグソコガネ　-------- 176
　　150.　*Psammoporus kamtschaticus* (Motschulsky, 1860)　アラメニセマグソコガネ　-------- 177
　　151.　*Psammoporus tsukamotoi* Masumoto, 1986　キタアラメニセマグソコガネ　-------- 178

　Genus *Caelius* Lewis, 1895　トゲニセマグソコガネ属
　　152.　*Caelius denticollis* Lewis, 1895　トゲニセマグソコガネ　-------- 179

索引　INDEX
　科・亜科・族・亜族　Family, Subfamily, Tribe, Subtribe　-------- 182
　属・亜属　Genus, Subgenus　-------- 183
　種・亜種　species, subspecies　-------- 184
　和名索引　-------- 186
分担　-------- 188
著者　-------- 189

普及版付録
　糞虫の標本作成法　-------- 190
　本書に載っていない糞虫　-------- 193
　種名・分類群ラベル（食糞群編）　-------- 194

凡　例

　本書は，2005年5月までに公表された日本産食糞性コガネムシ類のすべての種・亜種を網羅し，学名・和名及びその配列は，基本的に「日本産コガネムシ上科総目録」（藤岡昌介，2001）に従った．

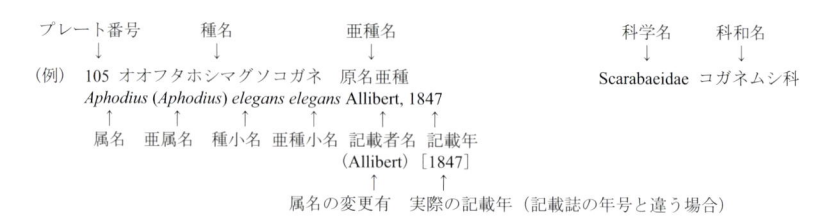

```
            プレート番号      種名         亜種名                          科学名        科和名
               ↓            ↓           ↓                           ↓           ↓
  (例)   105 オオフタホシマグソコガネ 原名亜種              Scarabaeidae コガネムシ科
         Aphodius (Aphodius) elegans elegans Allibert, 1847
         属名    亜属名    種小名  亜種小名 記載者名  記載年
                                         (Allibert)  [1847]
                                 属名の変更有   実際の記載年（記載誌の年号と違う場合）
```

〈体長〉体長は頭楯から翅端までの長さとし，著者らの確認した標本や文献等の数値の中の最大と最小を示した．ただし疑わしい値や未確認情報は除外した．

〈特徴〉形態的特徴について触れ，近似種との区別に重点をおいた．撮影に使用した個体が特記すべき産地，タイプ標本，離島産などの場合は，その産地を明示した．

〈雌雄の区別〉いくつか区別点がある場合は，最も判りやすいものを示した．

〈生態〉筆者らの野外での観察に基づいた内容を中心に，信頼性の高い私信や文献情報を加味し記述した．

〈分布〉日本を12の地域に区分し，分布が確認されている区域に色を付けた．地域区分は以下の通り．

	1	2	3	4	5	6	7	8	9	10	11	12
分布	北海道	東北	東本州	伊・小	西本州	四国	九州	対馬	屋久島	ト・奄	沖縄	八重山

1. 北海道
2. 東北：福島以北の本州6県
3. 東本州：関東・上信越・東海
4. 伊・小：伊豆諸島・小笠原諸島
5. 西本州：近畿・北陸・中国
6. 四国
7. 九州
8. 対馬
9. 屋久島
10. ト・奄：トカラ列島・奄美諸島及び周辺離島
11. 沖縄：沖縄島・久米島及び周辺離島
12. 八重山：宮古諸島・八重山諸島及び周辺離島

〈発生〉成虫の野外活動期のおおまかな目安をチャートに示した．これらは環境や季節進行の変化，地域差によって変化する可能性が大きい．また本書編集時における著者らの見解である．

| 発生 | 1月 | 2月 | 3月 | 4月 | 5月 | 6月 | 7月 | 8月 | 9月 | 10月 | 11月 | 12月 |

〈環境〉以下の6区分を定め，おおまかに示した．

| 環境 | 草原 | 森林 | 海浜 | 河川敷 | 落葉下 | その他 |

草原： 牧場などのオープンランド，明るい場所，裸地，乾燥した場所．

森林： 林内や暗い場所，湿潤な場所．

海浜： 砂浜や水はけの良い場所．

河川岸： 河川敷の石の下，植物の根際など．

落葉下： リター下や浅い土壌．

その他： 地下等の特殊環境．

〈標高〉以下の4区分を定め，おおまかに示した．

| 標高 | 高山 | 高原 | 平地 | 島嶼 |

高山： 山岳地帯や高山の上部など．

高原： 高原や低山地など．

平地： 低標高の雑木林や公園，河川敷など．

島嶼： 主に離島など．

〈その他〉各プレート右下には，以下の情報を表示した．

背面画像は，野外での標準的な大きさの実物大のイメージを示した．目安は体長変異幅の3分の1最大値寄り（中間値よりやや大き目）とした．

★印は本書編集時点での野外成虫の珍稀度を示し，これらは地域差や季節・気候，調査方法などによって変化するため，見つけやすさの目安程度と考えていただきたい．

★印の左端の数字は，日本産コガネムシ上科総目録の掲載ページを示した．数字のないものは目録発行後に記載または記録された種・亜種である．

25 ★★

★★★★★ 最 稀 種： 通常の方法では減多に発見されない種．絶滅危惧種の場合もあるが生態不明の場合が多い．
★★★★ 稀　　種： あまり発見されないが，調査方法や場所・時期によってはある程度得られる場合がある種．
★★★ 準 稀 種： 発見は比較的容易であるが，場所や時期によっては少ないこともある種．
★★ 普 通 種： どこにでも見られ，発見の極めて容易な種．
★ 最普通種： 広域分布種で，生息地では最優先種で，ほとんどの環境に適応している種．

各部位の名称（背面）

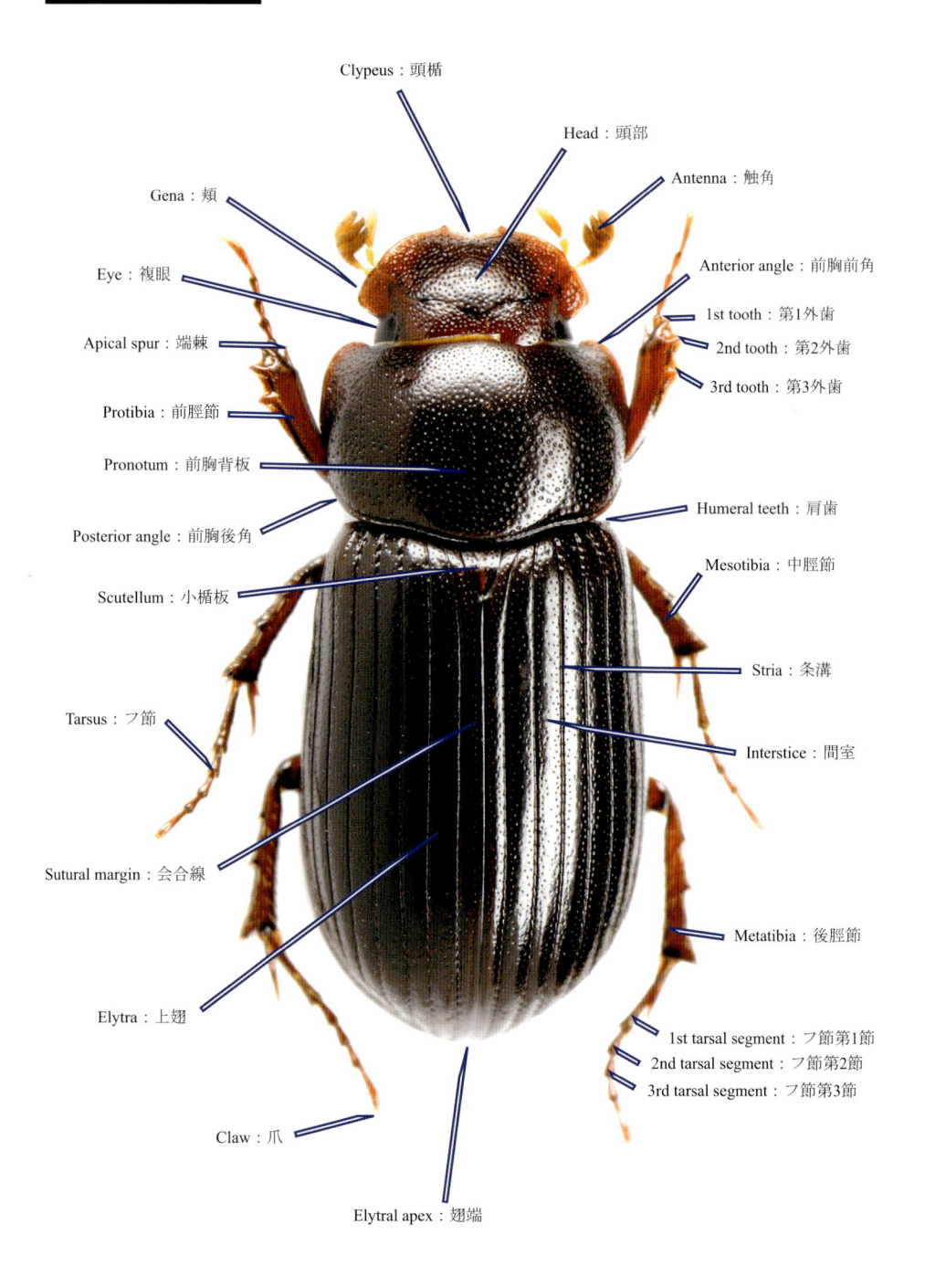

- Clypeus：頭楯
- Head：頭部
- Gena：頬
- Antenna：触角
- Eye：複眼
- Anterior angle：前胸前角
- 1st tooth：第1外歯
- Apical spur：端棘
- 2nd tooth：第2外歯
- 3rd tooth：第3外歯
- Protibia：前脛節
- Pronotum：前胸背板
- Humeral teeth：肩歯
- Posterior angle：前胸後角
- Mesotibia：中脛節
- Scutellum：小楯板
- Stria：条溝
- Tarsus：フ節
- Interstice：間室
- Sutural margin：会合線
- Metatibia：後脛節
- Elytra：上翅
- 1st tarsal segment：フ節第1節
- 2nd tarsal segment：フ節第2節
- 3rd tarsal segment：フ節第3節
- Claw：爪
- Elytral apex：翅端

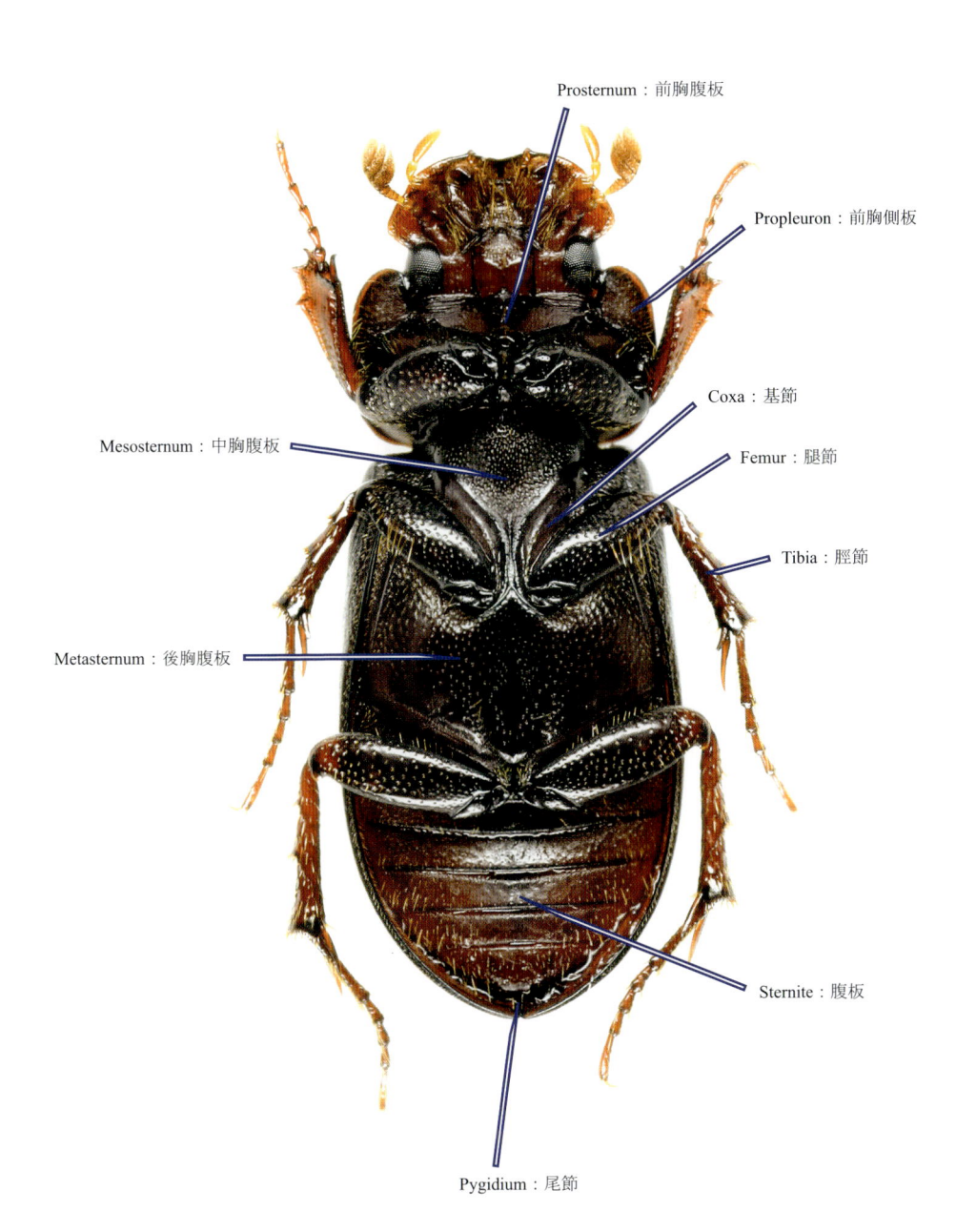

各部位の名称（腹面）

Prosternum：前胸腹板

Propleuron：前胸側板

Coxa：基節

Mesosternum：中胸腹板

Femur：腿節

Tibia：脛節

Metasternum：後胸腹板

Sternite：腹板

Pygidium：尾節

図解検索 1

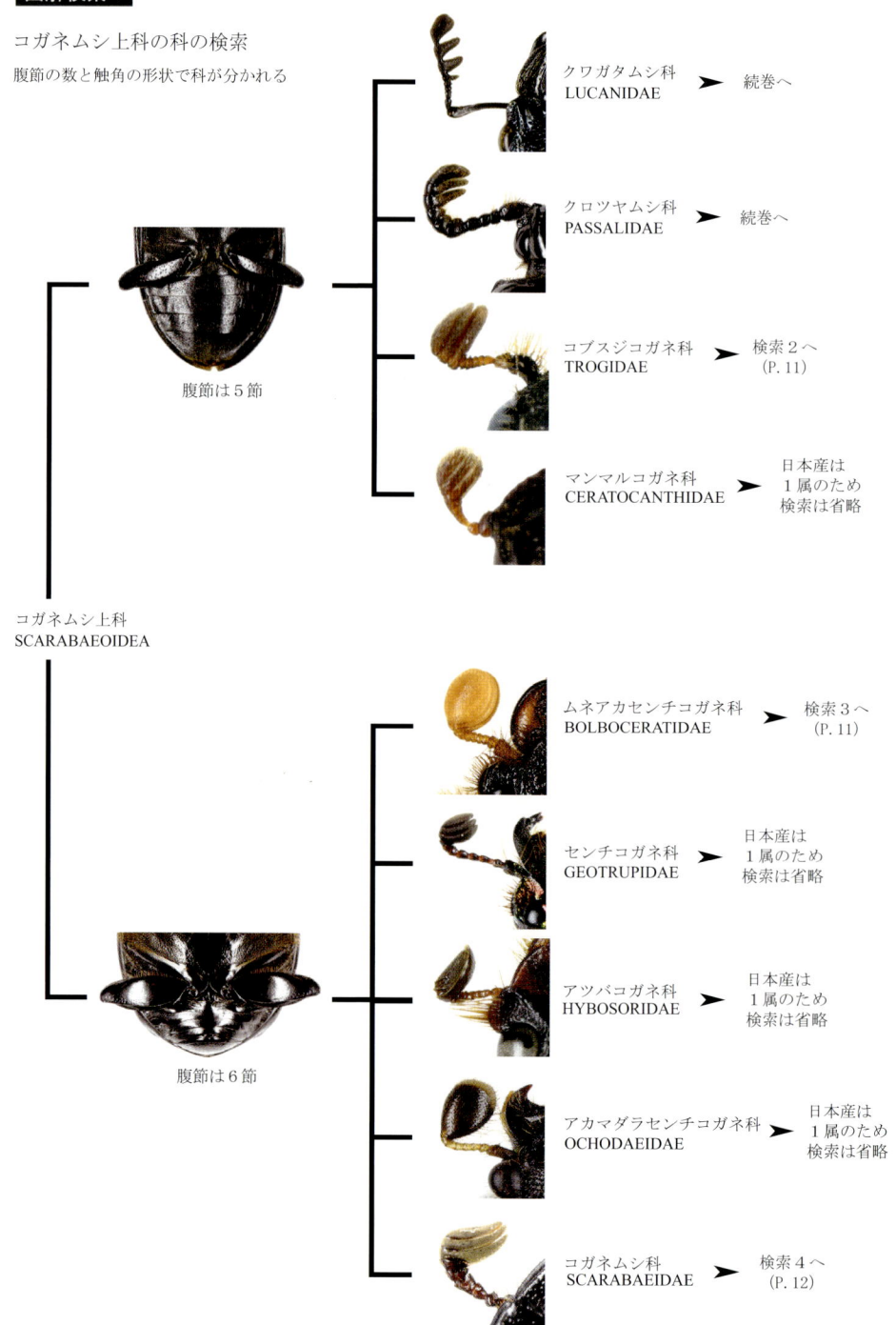

コガネムシ上科の科の検索
腹節の数と触角の形状で科が分かれる

腹節は5節

- クワガタムシ科 LUCANIDAE ▶ 続巻へ
- クロツヤムシ科 PASSALIDAE ▶ 続巻へ
- コブスジコガネ科 TROGIDAE ▶ 検索2へ (P.11)
- マンマルコガネ科 CERATOCANTHIDAE ▶ 日本産は1属のため検索は省略

コガネムシ上科 SCARABAEOIDEA

腹節は6節

- ムネアカセンチコガネ科 BOLBOCERATIDAE ▶ 検索3へ (P.11)
- センチコガネ科 GEOTRUPIDAE ▶ 日本産は1属のため検索は省略
- アツバコガネ科 HYBOSORIDAE ▶ 日本産は1属のため検索は省略
- アカマダラセンチコガネ科 OCHODAEIDAE ▶ 日本産は1属のため検索は省略
- コガネムシ科 SCARABAEIDAE ▶ 検索4へ (P.12)

図解検索2

コブスジコガネ科の属の検索

触角の形状と小楯板の形で属が分かれる

コブスジコガネ科
TROGIDAE

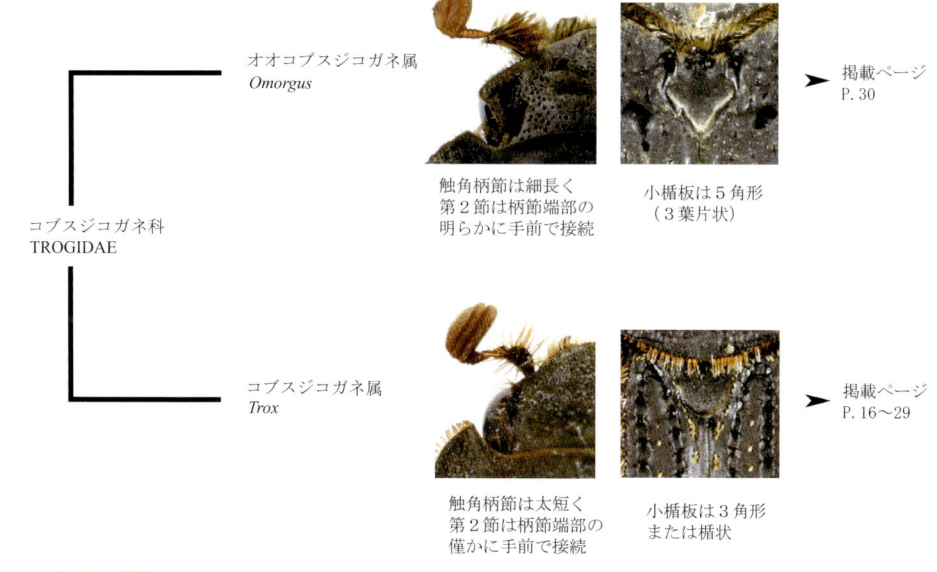

- オオコブスジコガネ属 *Omorgus*
  - 触角柄節は細長く第2節は柄節端部の明らかに手前で接続
  - 小楯板は5角形（3葉片状）
  - 掲載ページ P. 30

- コブスジコガネ属 *Trox*
  - 触角柄節は太短く第2節は柄節端部の僅かに手前で接続
  - 小楯板は3角形または楯状
  - 掲載ページ P. 16〜29

図解検索3

ムネアカセンチコガネ科の属の検索

複眼が2分されるかどうかと前胸背板の基部が縁どられるかどうかで属が分かれる

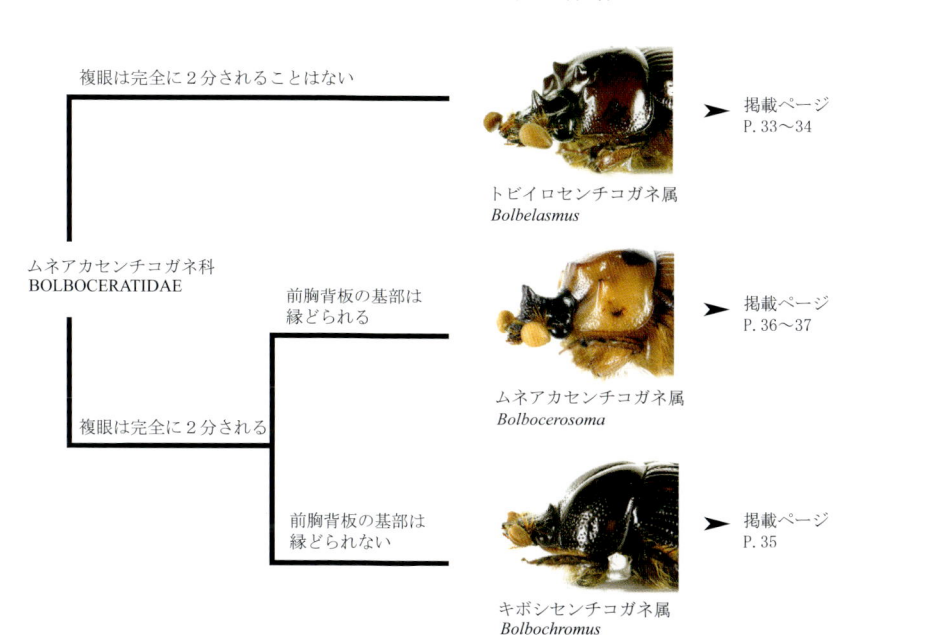

ムネアカセンチコガネ科
BOLBOCERATIDAE

- 複眼は完全に2分されることはない
  - トビイロセンチコガネ属 *Bolbelasmus*
  - 掲載ページ P. 33〜34

- 複眼は完全に2分される
  - 前胸背板の基部は縁どられる
    - ムネアカセンチコガネ属 *Bolbocerosoma*
    - 掲載ページ P. 36〜37
  - 前胸背板の基部は縁どられない
    - キボシセンチコガネ属 *Bolbochromus*
    - 掲載ページ P. 35

図解検索 4

コガネムシ科の亜科の検索（食糞群）

頭楯が口器を隠すかどうか，中基節の距離，後脛節端棘の本数で亜科が分かれる．

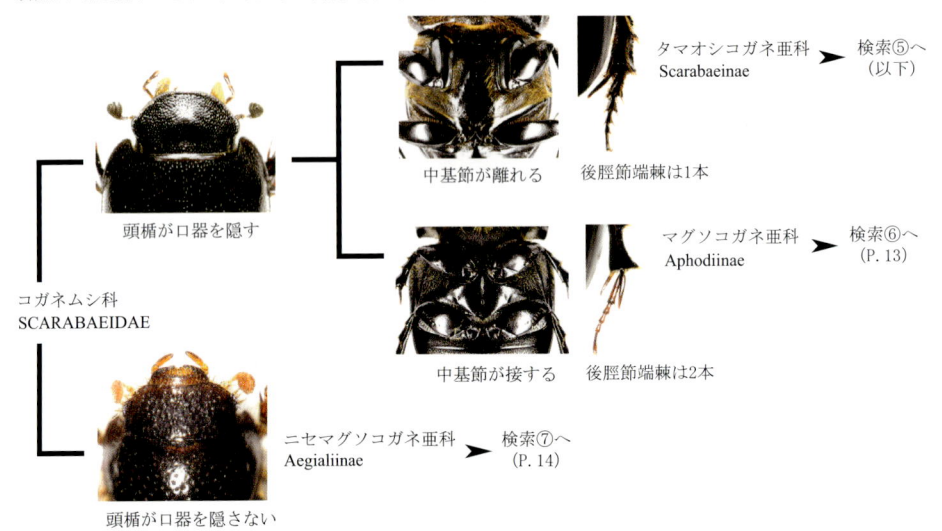

コガネムシ科 SCARABAEIDAE

- 頭楯が口器を隠す
  - 中基節が離れる／後脛節端棘は1本 → タマオシコガネ亜科 Scarabaeinae → 検索⑤へ（以下）
  - 中基節が接する／後脛節端棘は2本 → マグソコガネ亜科 Aphodiinae → 検索⑥へ（P.13）
- 頭楯が口器を隠さない → ニセマグソコガネ亜科 Aegialiinae → 検索⑦へ（P.14）

図解検索 5

タマオシコガネ亜科の属の検索

後フ節，後脛節，小楯板，前胸背板後縁溝，前脛節内角などで属が分かれる．

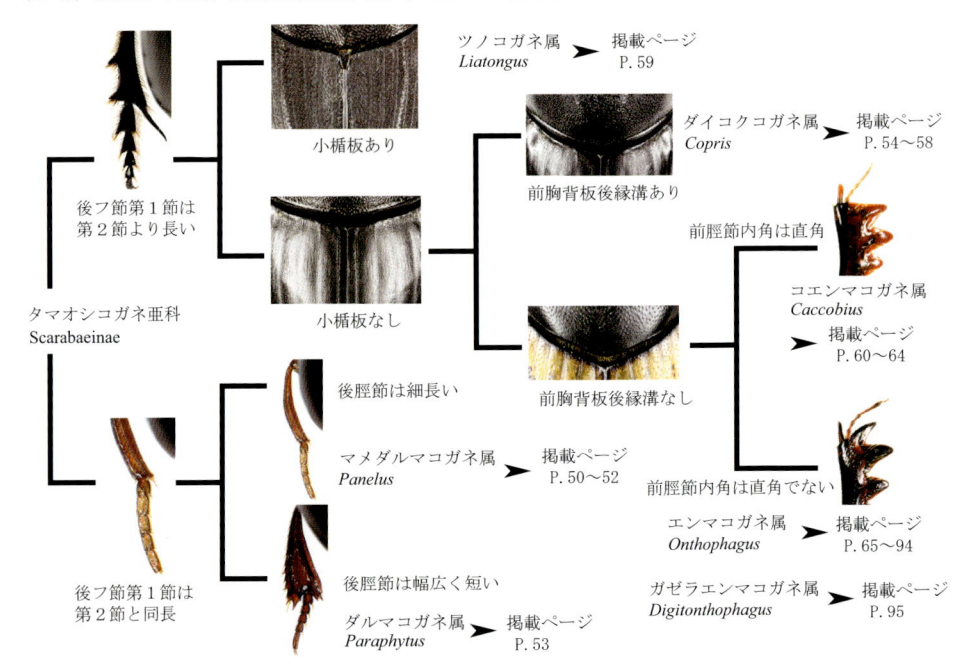

タマオシコガネ亜科 Scarabaeinae

- 後フ節第1節は第2節より長い
  - 小楯板あり → ツノコガネ属 *Liatongus* → 掲載ページ P.59
  - 小楯板なし
    - 前胸背板後縁溝あり → ダイコクコガネ属 *Copris* → 掲載ページ P.54〜58
    - 前胸背板後縁溝なし
      - 前脛節内角は直角 → コエンマコガネ属 *Caccobius* → 掲載ページ P.60〜64
      - 前脛節内角は直角でない
        - エンマコガネ属 *Onthophagus* → 掲載ページ P.65〜94
        - ガゼラエンマコガネ属 *Digitonthophagus* → 掲載ページ P.95
- 後フ節第1節は第2節と同長
  - 後脛節は細長い → マメダルマコガネ属 *Panelus* → 掲載ページ P.50〜52
  - 後脛節は幅広く短い → ダルマコガネ属 *Paraphytus* → 掲載ページ P.53

図解検索 6

マグソコガネ亜科の属の検索

頭部の隆起，前胸背板の隆条や横溝，脛節やフ節の形状などで属が分かれる．

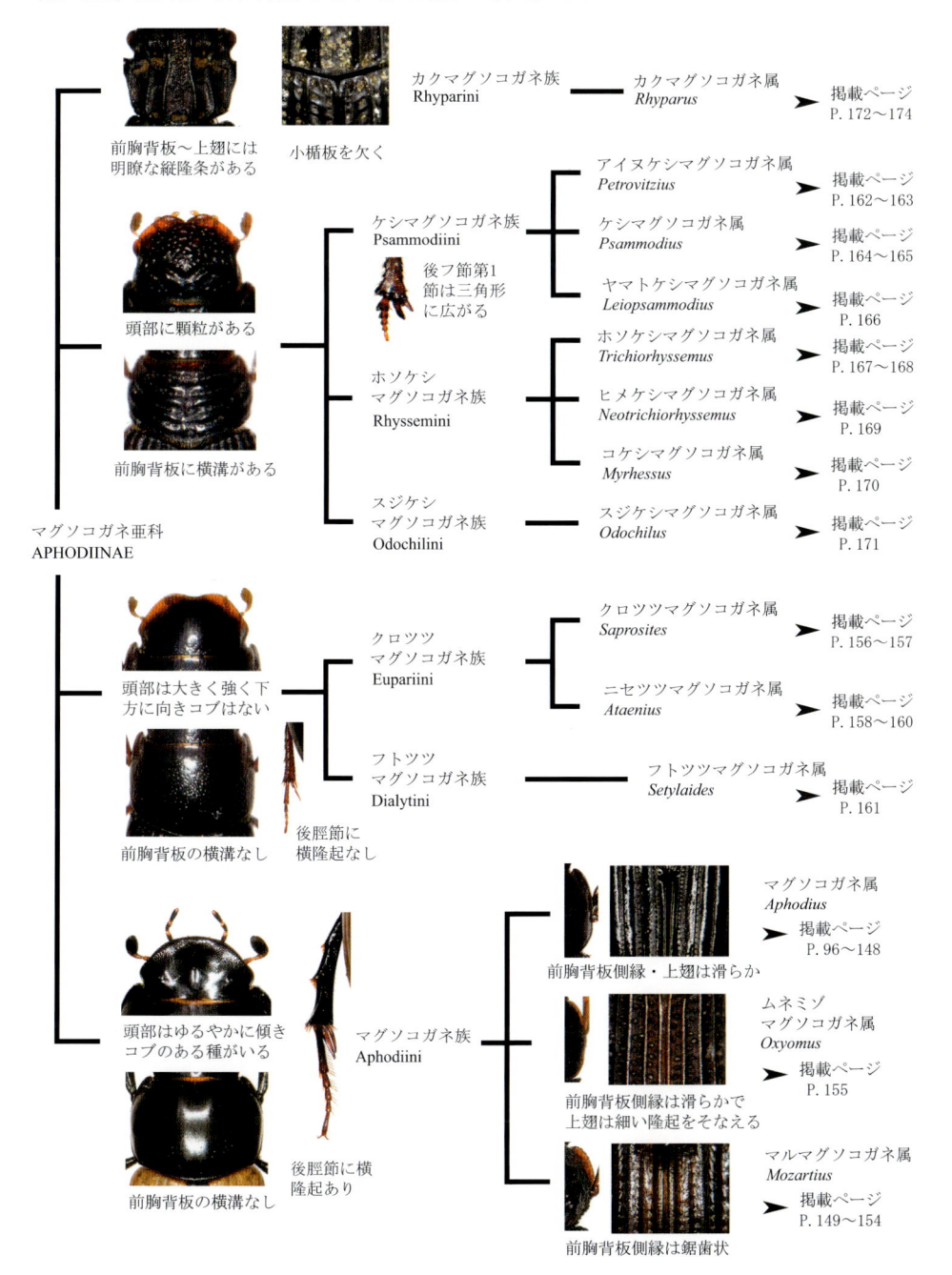

マグソコガネ亜科 APHODIINAE

- 前胸背板〜上翅には明瞭な縦隆条がある
  - 小楯板を欠く
    - カクマグソコガネ族 Rhyparini
      - カクマグソコガネ属 *Rhyparus* ▶ 掲載ページ P. 172〜174

- 頭部に顆粒がある
  - ケシマグソコガネ族 Psammodiini
    - 後フ節第1節は三角形に広がる
      - アイヌケシマグソコガネ属 *Petrovitzius* ▶ 掲載ページ P. 162〜163
      - ケシマグソコガネ属 *Psammodius* ▶ 掲載ページ P. 164〜165
      - ヤマトケシマグソコガネ属 *Leiopsammodius* ▶ 掲載ページ P. 166

- 前胸背板に横溝がある
  - ホソケシマグソコガネ族 Rhyssemini
    - ホソケシマグソコガネ属 *Trichiorhyssemus* ▶ 掲載ページ P. 167〜168
    - ヒメケシマグソコガネ属 *Neotrichiorhyssemus* ▶ 掲載ページ P. 169
    - コケシマグソコガネ属 *Myrhessus* ▶ 掲載ページ P. 170
  - スジケシマグソコガネ族 Odochilini
    - スジケシマグソコガネ属 *Odochilus* ▶ 掲載ページ P. 171

- 頭部は大きく強く下方に向きコブはない
  - 前胸背板の横溝なし
  - 後脛節に横隆起なし
    - クロツツマグソコガネ族 Eupariini
      - クロツツマグソコガネ属 *Saprosites* ▶ 掲載ページ P. 156〜157
      - ニセツツマグソコガネ属 *Ataenius* ▶ 掲載ページ P. 158〜160
    - フトツツマグソコガネ族 Dialytini
      - フトツツマグソコガネ属 *Setylaides* ▶ 掲載ページ P. 161

- 頭部はゆるやかに傾きコブのある種がいる
  - 前胸背板の横溝なし
  - 後脛節に横隆起あり
    - マグソコガネ族 Aphodiini
      - 前胸背板側縁・上翅は滑らか
        - マグソコガネ属 *Aphodius* ▶ 掲載ページ P. 96〜148
      - 前胸背板側縁は滑らかで上翅は細い隆起をそなえる
        - ムネミゾマグソコガネ属 *Oxyomus* ▶ 掲載ページ P. 155
      - 前胸背板側縁は鋸歯状
        - マルマグソコガネ属 *Mozartius* ▶ 掲載ページ P. 149〜154

図解検索 7

ニセマグソコガネ亜科の属の検索

頭部の隆起，前胸背の隆条や横溝，脛節やフ節の形状などで属が分かれる．

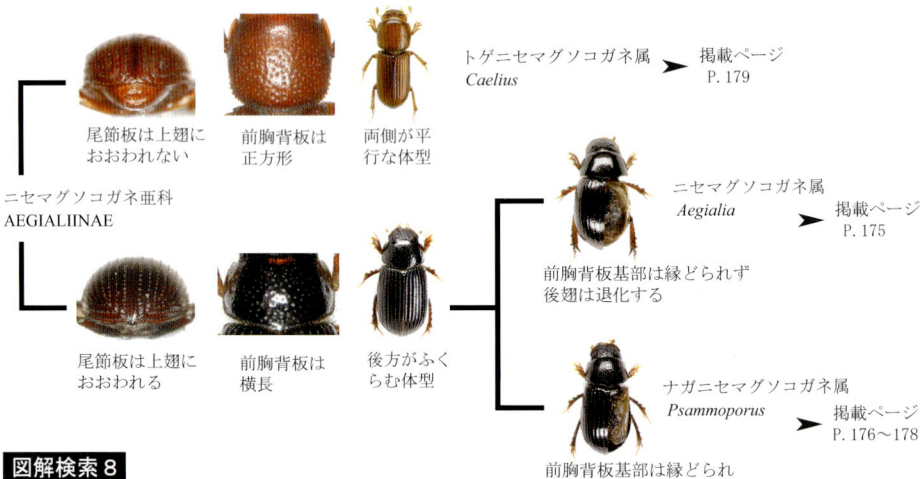

ニセマグソコガネ亜科 AEGIALIINAE

- 尾節板は上翅におおわれない / 前胸背板は正方形 / 両側が平行な体型 → **トゲニセマグソコガネ属** *Caelius* → 掲載ページ P.179

- 尾節板は上翅におおわれる / 前胸背板は横長 / 後方がふくらむ体型
  - 前胸背板基部は縁どられず後翅は退化する → **ニセマグソコガネ属** *Aegialia* → 掲載ページ P.175
  - 前胸背板基部は縁どられ後翅は退化しない → **ナガニセマグソコガネ属** *Psammoporus* → 掲載ページ P.176〜178

図解検索 8

マグソコガネ属の亜属の近縁関係

日本産53種は31亜属に分類される．以下は代表的な亜属とその主な特徴．

マグソコガネ属 *Aphodius*

- 小楯板は大きく上翅の1/3〜1/5の長さになる → ***Colobopterus*亜属 / *Teuchestes*亜属 / *Otophorus*亜属 / *Sinodiapterna*亜属** → 掲載ページ P.96〜100

- 上翅は黄褐色に黒紋 冬に出現する種が多い → ***Chilothorax*亜属** → 掲載ページ P.124〜127

- 大型で光沢のある黒色の種が多く，中・後フ節は長い → ***Acrossus*亜属** → 掲載ページ P.107〜112

- 中〜小型種が多く 早春に出現し鹿猿糞に依存する種が多い → ***Agrilinus*亜属** → 掲載ページ P.133〜138

- *Agrilinus*亜属に似るが♂中脛節上端棘が短く切断状になる → ***Agoliinus*亜属** → 掲載ページ P.139〜143

図　版　PLATE

1　キョウトチビコブスジコガネ

Trox (*Trox*) *kyotensis* Ochi et Kawahara, 2000　　　　　　　　　　　　Trogidae　コブスジコガネ科

体長　5.3〜6.1 mm　**特徴**　細長い体型の小型種で，チビコブスジコガネに似る(1-4)．体表の被覆物は少なく暗色．頭部にコブを欠く(5)．前胸背板は中央に浅い縦溝をそなえ，側縁は弱く弧状，後角付近で浅く湾入(8)．上翅両側は平行状．肩歯をもつ(8)．上翅毛塊の発達は弱く，間室はやや平滑(7)．上翅条溝は細い(7)．中・後フ節はやや長い．〔1-4：♂，5：頭部，6：前胸背板，7：上翅，8：側縁部，9：♂前脛節，10：♀前脛節，11：♂交尾器背面，12：♂交尾器側面〕
雌雄の区別　♂前脛節端棘の先端は斜に裁断状(9)．♀ではそのまま細まる(10)．
生態　近年，京都府内の河川敷にあるサギのコロニーで発見され，現在まで判明している生息地は京都府と大分県のみ．春に羽毛や獣糞，鳥の死体等に集まる．

分布	北海道	東北	東本州	伊・小	西本州	四国	九州	対馬	屋久島	ト・奄	沖縄	八重山
発生	1月	2月	3月	4月	5月	6月	7月	8月	9月	10月	11月	12月
環境	草原	森林	海浜	河川敷	落葉下	その他	標高	高山	高原	平地	島嶼	20　★★★★

2 ヘリトゲコブスジコガネ Trogidae コブスジコガネ科
***Trox* (*Trox*) *mandli* Balthasar, 1931**

体長 5.1〜6.9 mm　**特徴** 小型で特徴のある短太の体型(1)．頭部に2個のコブをもつ(5)．肩歯をもつ．上翅側縁には等間隔でコブ状に黄褐色の短毛群をそなえる．♂交尾器側片は細長く内湾し先端部はヘラ状で外側へ反る．中央片は，先端部両側が基部に向かって張り出し，イカリ型(11)．〔1-4：♂，5：頭部，6：前胸背板，7：上翅，8：側縁部，9：♂前脛節，10：♀前脛節，11：♂交尾器背面，12：♂交尾器側面〕

雌雄の区別　♂前脛節端棘の先端は斜に裁断状(9)．♀ではそのまま細まる(10)．

生態　春に出現し，河川敷や都市に残された小さな緑地など人里近くに生息地が多い．酢酸を使用したPTにも良く入る．幼虫は，猛禽類のペリットやキツネやテンなど野生獣の糞に含まれている毛や軟骨を食べて育つ．

分布	北海道	東北	東本州	伊・小	西本州	四国	九州	対馬	屋久島	ト・奄	沖縄	八重山
発生	1月	2月	3月	4月	5月	6月	7月	8月	9月	10月	11月	12月
環境	草原	森林	海浜	河川敷	落葉下	その他	標高	高山	高原	平地	島嶼	

20 ★★

3 マツダコブスジコガネ

Trogidae　コブスジコガネ科

Trox (*Trox*) *matsudai* Ochi et Hori, 1999

体長　7.3〜9.0 mm　　**特徴**　上翅奇数間室のコブ状隆起は良く発達し、基部付近では連続する個体が多い(1)．中腿節は後縁部後半が半円状に湾入(11)．後脛節外縁中央やや後方に目立つ1歯をもつ(12)．♂交尾器側片先端は拡大し、毛をもつ(13)．〔1-4：♂, 5：頭部, 6：前胸背板, 7：上翅, 8：側縁部, 9：♂前脛節, 10：♀前脛節, 11：♂中腿節, 12：♂後脛節, 13：♂交尾器背面, 14：♂交尾器側面（すべて奄美大島産）〕

雌雄の区別　♂前脛節端棘の先端は斜に裁断状(9)．♀ではそのまま細まる(10)．

生態　早春に出現し、鳥や哺乳類の古い死体に集まり、そこで産卵する．幼虫はそれら下の土壌に潜り、羽毛や毛を食べて育つ．夏〜秋に新成虫が羽化し、そのまま土中で越冬して翌春活動する．

分布	北海道	東北	東本州	伊・小	西本州	四国	九州	対馬	屋久島	ト・奄	沖縄	八重山
発生	1月	2月	3月	4月	5月	6月	7月	8月	9月	10月	11月	12月

環境	草原	森林	海浜	河川敷	落葉下	その他	標高	高山	高原	平地	島嶼

4 ムツコブスジコガネ
Trox (*Trox*) *mutsuensis* **Nomura, 1937**

Trogidae　コブスジコガネ科

体長　6.8〜8.8 mm　**特徴**　やや大型で細長い体型．上翅の条溝は深く明瞭に縁取られ，拡大するとキャタピラーの跡のように見える(7)．前胸背板は前方により強く細まり，側縁は基部付近で湾入し，後角は尖る(8)．脚は長い．♂交尾器側片は先端部で内側に拡大し，先は鋭く前方に突出(11)．〔1-4：♂，5：頭部，6：前胸背板，7：上翅，8：側縁部，9：♂前脛節，10：♀前脛節，11：♂交尾器背面，12：♂交尾器側面〕

雌雄の区別　♂前脛節端棘の先端は鋭く尖りカギ状に曲がる(9)．♀ではそのまま細まり，先はやや丸まる(10)．

生態　夏期，山地で鳥獣の古い死体，猛禽類のペリットなどに集まる．本州以南ではやや標高のある山地に生息するが，北海道では平地林にも分布している．

分布	北海道	東北	東本州	伊・小	西本州	四国	九州	対馬	屋久島	ト・奄	沖縄	八重山
	■	■	■		■	■	■					

発生	1月	2月	3月	4月	5月	6月	7月	8月	9月	10月	11月	12月
					■	■	■	■	■	■		

環境	草原	森林	海浜	河川敷	落葉下	その他	標高	高山	高原	平地	島嶼
		■							■		

21 ★★★

5 チビコブスジコガネ
Trox (*Trox*) *niponensis* Lewis, 1895

Trogidae　コブスジコガネ科

体長　4.3〜6.5 mm　　**特徴**　小型で細長い体型(1-4). 表面の被覆物が少なく暗褐色. 頭部にコブを欠く(5). 前胸背板中央には浅い縦溝をそなえる. 前胸背板側縁は弱く弧状, 後角付近で浅く湾入(8). 上翅両側は平行状. 肩歯をもつ(8). 上翅の毛塊はやや発達し, 間室はやや凹凸がある. 上翅条溝はやや太い(7). 中・後フ節はやや短い. 〔1-4: ♂, 5: 頭部, 6: 前胸背板, 7: 上翅, 8: 側縁部, 9: ♂前脛節, 10: ♀前脛節, 11: ♂交尾器背面, 12: ♂交尾器側面〕

雌雄の区別　♂前脛節端棘の先端は斜に裁断状(9). ♀ではそのまま細まり先は尖る(10).

生態　サギ類のコロニーなどで, 幼鳥の古い死体やペリットに集まる他, キツネやタヌキの糞にも集まる. 平地に多い種で, 都市部でも河川敷や神社, 公園などの残存緑地に生息している.

分布	北海道	東北	東本州	伊・小	西本州	四国	九州	対馬	屋久島	ト・奄	沖縄	八重山
	北海道	東北	東本州		西本州	四国	九州					

発生	1月	2月	3月	4月	5月	6月	7月	8月	9月	10月	11月	12月
				4月	5月	6月	7月	8月	9月			

環境	草原	森林	海浜	河川敷	落葉下	その他	標高	高山	高原	平地	島嶼
		森林							高原	平地	

★★

6　コブナシコブスジコガネ　　　　　　　　　　　　　　　　　　　　　Trogidae　コブスジコガネ科
Trox (***Trox***) ***nohirai*** **Nakane, 1954**

体長　5.5〜7.2 mm　　**特徴**　黒色で，体表にはコブや毛塊などの突起物や被覆物を欠く(1-4)．ただし，野外で得られた個体には前胸背板側部に茶色の物質が固着していることも多い．肩歯をもつ．上翅点刻列は深く明瞭で，間室には横シワが刻印される(7)．♂交尾器は非常に厚みがあり，基片は長く側片後半部は急激に細まる(11-12)．〔1-4：♀，5：頭部，6：前胸背板，7：上翅，8：側縁部，9：♂前脛節，10：♀前脛節，11：♂交尾器背面，12：♂交尾器側面〕

雌雄の区別　♂前脛節端棘は短太で先端は斜に裁断状(9)．♀では外湾し，そのまま細まる(10)．

生態　全国に広く分布し，灯火に飛来する．近年，稀ではあるが羽毛に集まることが確認され，幼虫も羽毛を食べて育つことが確認されている．ブナの空洞木の内部に溜まったフレークの中からまとめて得られた例がある．

分布	北海道	東北	東本州	伊・小	西本州	四国	九州	対馬	屋久島	ト・奄	沖縄	八重山
発生	1月	2月	3月	4月	5月	6月	7月	8月	9月	10月	11月	12月
環境	草原	森林	海浜	河川敷	落葉下	その他	標高	高山	高原	平地	島嶼	

21　★★★★

7　ヒメコブスジコガネ　　　　　　　　　　　　　　　　　Trogidae　コブスジコガネ科
Trox (Trox) opacotuberculatus **Motschulsky, 1860**

体長　5.3〜7.7 mm　**特徴**　前胸背板はやや小さく，6個の凹みが目だつ．側縁は2波曲し，基部の湾入はやや深い(8)．上翅の条溝は不明瞭で点刻列のみ目立つ(7)．上翅奇数間室は偶数間室よりやや隆まり，褐色の短毛群をともなうコブが目立つ(7)．♂交尾器は，中央片と基片がほぼ等長で，側片は細い(11)．〔1-4：♂，5：頭部，6：前胸背板，7：上翅，8：側縁部，9：♂前脛節，10：♀前脛節，11：♂交尾器背面，12：♂交尾器側面〕

雌雄の区別　♂前脛節端棘はやや太く，先端は斜に裁断状(9)．♀ではそのまま細まる(10)．

生態　春に活発に活動し，鳥獣の古い死体，猛禽類のペリット，キツネやタヌキなどの野生獣の糞に集まる．関東以南の産地では個体数が多いが，北日本では少ない．幼虫は餌の下の土壌に潜り，羽毛や毛などを食べて育つ．

分布	北海道	東北	東本州	伊・小	西本州	四国	九州	対馬	屋久島	ト・奄	沖縄	八重山
発生	1月	2月	3月	4月	5月	6月	7月	8月	9月	10月	11月	12月
環境	草原	森林	海浜	河川敷	落葉下	その他	標高	高山	高原	平地	島嶼	

8　マルコブスジコガネ　日本亜種　　　　　　　　　　　　　　　　　　　　　　Trogidae　コブスジコガネ科
Trox (*Trox*) *sabulosus fujiokai* Ochi, 2000

体長　7.0〜11.0 mm　**特徴**　大型で太く厚みのある体型．肩歯をもつ(1, 8)．頭楯前縁は丸い．上翅条溝は明瞭で，細い縁をもつ(9)．上翅間室及び短毛群はほとんど隆起しない(9)．原名亜種との違いは，上翅間室の隆起(1, 5)，♂交尾器中央片先端突出部の段差などが異なる(10, 12)．〔1-4：♂，5：原名亜種，6：♂前脛節，7：♀前脛節，8：側縁部，9：上翅，10：♂交尾器背面，11：♂交尾器側面，12：♂交尾器背面 (1-4, 6-11：新潟県産，5, 12：チェコ産原名亜種)〕

雌雄の区別　前脛節端棘は♂は♀よりも強く先端が内側に曲がる(6-7)．

生態　春〜秋にかけて出現する．新潟県内のサギのコロニーで，幼鳥の古い死体やペリットなどに集まることが知られていたが，近年，個体数が激減している．新潟県周辺の産地以外では非常に稀．

分布	北海道	東北	東本州	伊・小	西本州	四国	九州	対馬	屋久島	ト・奄	沖縄	八重山
発生	1月	2月	3月	4月	5月	6月	7月	8月	9月	10月	11月	12月
環境	草原	森林	海浜	河川敷	落葉下	その他	標高	高山	高原	平地	島嶼	

21　★★★★

9-1　アイヌコブスジコガネ　原名亜種

Trogidae　コブスジコガネ科

Trox (Trox) setifer setifer Waterhouse, 1875

体長　10.5〜12.0 mm　**特徴**　大型で体は黒く長卵型．頭楯前縁は丸い(5)．前胸背板中央には浅い縦溝をもつ．前胸背板側縁は直線状に前方へ狭まる(8)．肩歯をもつ．上翅条溝は明瞭でやや太く，両側に細い縁をそなえる(7)．間室はほぼ平坦で，黄褐色の縦長短毛群をもつ(7)．♂交尾器中片は四角く，前縁中央の突起部両側は湾入(11)．〔1-4：♂，5：頭部，6：前胸背板，7：上翅，8：側縁部，9：♂前脛節，10：♀前脛節，11：♂交尾器背面，12：♂交尾器側面〕

雌雄の区別　♂前脛節端棘の先端は斜に裁断状で内側に突出(9)．♀ではそのまま細まる(10)．

生態　夏季，野生鳥獣の古い死体に集まる．成虫・幼虫ともに死体の下の土壌に穴を掘って住み着いていることが多い．灯火にも飛来する．幼虫は，鳥獣の毛や羽毛，軟骨などを食べて育つ．

分布	北海道	東北	東本州	伊・小	西本州	四国	九州	対馬	屋久島	ト・奄	沖縄	八重山
発生	1月	2月	3月	4月	5月	6月	7月	8月	9月	10月	11月	12月
環境	草原	森林	海浜	河川敷	落葉下	その他	標高	高山	高原	平地	島嶼	

22　★★★★

9-2 アイヌコブスジコガネ 対馬亜種

Trogidae コブスジコガネ科

Trox (Trox) setifer horiguchii Ochi et Kawahara, 2002

体長 10.3〜11.6 mm **特徴** 大型で体は黒く長卵型．頭楯前縁は丸い(5)．前胸背板中央に浅い縦溝をもつ．前胸背板側縁は直線状に前方へ狭まる(8)．肩歯をもつ．上翅条溝は明瞭でやや細く両側に細い縁をそなえる(7)．間室はほぼ平坦で，黄褐色の縦長短毛群をもつ(7)．♂交尾器中片は丸く，前縁中央の突出部両側は湾入しない(11)．〔1-4：♂，5：頭部，6：前胸背板，7：上翅，8：側縁部，9：♂前脛節，10：♀前脛節，11：♂交尾器背面，12：♂交尾器側面〕

雌雄の区別 ♂前脛節棘の先端は斜に裁断状(9)．♀ではそのまま細まる(10)．

生態 近年発見された亜種で，5〜6月に対馬の山地に設置した羽毛トラップで得られている．ツシマヤマネコの糞から多数のヒメコブスジコガネに混じって得られた例もある．

分布	北海道	東北	東本州	伊・小	西本州	四国	九州	対馬	屋久島	ト・奄	沖縄	八重山
発生	1月	2月	3月	4月	5月	6月	7月	8月	9月	10月	11月	12月
環境	草原	森林	海浜	河川敷	落葉下	その他	標高	高山	高原	平地	島嶼	

★★★★

10 アマミコブスジコガネ

Trogidae　コブスジコガネ科

***Trox* (*Trox*) *sugayai* Masumoto et Kiuchi, 1995**

体長　7.9〜9.3 mm　　**特徴**　やや大型で，背面は強く膨隆する．前胸背板側縁は3波曲するが，凹凸はやや弱い．基部の凹み以外は不明瞭な個体も多い．上翅奇数間室のコブ状隆起は発達し，基部で連続する個体が多い(7)．中腿節は後縁部後半が湾入(11)．後脛節外縁ほぼ中央に目立つ1歯(12)．〔1-4：♂，5：頭部，6：前胸背板，7：上翅，8：側縁部，9：♂前脛節，10：♀前脛節，11：♂中腿節，12：♂後脛節，13：♂交尾器背面，14：♂交尾器側面〕

雌雄の区別　♂前脛節端棘の先端は斜に裁断状(9)．♀ではそのまま細まる(10)．

生態　現時点では，奄美大島の湯湾岳周辺，中央林道などの山地に生息地が限られている．秋期に鳥獣の古い死体，羽毛トラップなどで得られている．

分布	北海道	東北	東本州	伊・小	西本州	四国	九州	対馬	屋久島	ト・奄	沖縄	八重山
発生	1月	2月	3月	4月	5月	6月	7月	8月	9月	10月	11月	12月
環境	草原	森林	海浜	河川敷	落葉下	その他	標高	高山	高原	平地	島嶼	

22　★★★★

11-1　ウエノコブスジコガネ　原名亜種　　　　　　　　　　　　　　　　　　　　　Trogidae　コブスジコガネ科
Trox (*Trox*) *uenoi uenoi* Nomura, 1961

体長　6.5〜7.5 mm　　**特徴**　体表の凹凸はやや弱く，間室の隆起は途切れてあまり連続しない(7)．中腿節後縁部はほとんど湾入しない(11)．♂後脛節端内側が半円形の切れ込みをもつ(12)．♂交尾器の基片は長く，側片の約2倍．
〔1・4：♂，5：頭部，6：前胸背板，7：上翅，8：側縁部，9：♂前脛節，10：♀前脛節，11：中脛節，12：♂後脛節，13：♂交尾器背面，14：♂交尾器側面（すべて奄美大島産）〕

雌雄の区別　♂前脛節端棘の先端は斜に裁断状(9)．♀はそのまま細まる(10)．♂は後脛節端内側に切れ込みをもつ(12)．
生態　奄美大島及び徳之島の照葉樹林に生息し，主に春〜夏に出現．鳥や小動物，ヘビなどの古い死体に集まる他，羽毛や獣糞にも集まる．幼虫は古い死体を食べ，下の土壌に穴を掘って暮らす．稀に灯火に飛来する．

分布	北海道	東北	東本州	伊・小	西本州	四国	九州	対馬	屋久島	ト・奄	沖縄	八重山
発生	1月	2月	3月	4月	5月	6月	7月	8月	9月	10月	11月	12月
環境	草原	森林	海浜	河川敷	落葉下	その他	標高	高山	高原	平地	島嶼	

22　★★

11-2　ウエノコブスジコガネ　沖縄島亜種

Trogidae　コブスジコガネ科

Trox* (*Trox*) *uenoi matsumurai Y.Miyake et Yamaya, 1995

体長　6.6〜7.2 mm　**特徴**　体表の凹凸はやや弱い．♂後脛節端内側に半円形の切れ込みをもつ．前胸側縁の中央の波曲を欠くことになっているが，波曲のある個体も出現する．前胸背板側縁の波曲や♂交尾器の違いで亜種記載されたが，個体変異があり再検討が必要．〔1-4：♂，5：頭部，6：前胸背板，7：上翅拡大，8：側縁部，9：♂前脛節，10：♀前脛節，11：♂交尾器背面，12：♂交尾器側面（すべて沖縄島産）〕

雌雄の区別　♂前脛節端棘の先端は斜に裁断状(9)．♀はそのまま細まる(10)．♂後脛節端内側に切れ込みをもつ．

生態　春〜夏に出現し，羽毛や小動物の古い死体に集まり，幼虫はその下に穴を掘って潜む．山原（ヤンバル）と呼ばれる沖縄島北部の照葉樹林に生息するが，個体数は少ない．

分布	北海道	東北	東本州	伊・小	西本州	四国	九州	対馬	屋久島	ト・奄	沖縄	八重山
発生	1月	2月	3月	4月	5月	6月	7月	8月	9月	10月	11月	12月

環境	草原	森林	海浜	河川敷	落葉下	その他	標高	高山	高原	平地	島嶼

22　★★★★

12　サキシマコブスジコガネ　　　　　　　　　　　　　　　　　　　　　Trogidae　コブスジコガネ科
***Trox* (*Trox*) *yamayai* Nakane, 1983**

体長　6.5〜8.9 mm　　**特徴**　通常は黄褐色の被覆物で全身覆われている．前胸背板側縁は3波曲し，その凹凸は強く明瞭(8)．上翅奇数間室はやや膨隆し，大型の短毛群をそなえるコブが並ぶ(1)．条溝は不明瞭で，点刻列のみが目立つ(7)．
〔1-4：♂，5：頭部，6：前胸背板，7：上翅，8：側縁部，9：♂前脛節，10：♀前脛節，11：♂中腿節，12：♂後脛節，13：♂交尾器背面，14：♂交尾器側面（すべて石垣島産）〕

雌雄の区別　♂前脛節端棘の先端は斜に裁断状(9)．♀ではそのまま細まる(10)．
生態　石垣島及び西表島では冬季に出現し，鳥獣の古い死体，犬や猫の糞に集まる．イリオモテヤマネコの糞からも確認されている．5〜6月に羽毛の下の土中から終齢幼虫，蛹，新成虫になっている個体が確認されている．

分布	北海道	東北	東本州	伊・小	西本州	四国	九州	対馬	屋久島	ト・奄	沖縄	八重山
発生	1月	2月	3月	4月	5月	6月	7月	8月	9月	10月	11月	12月
環境	草原	森林	海浜	河川敷	落葉下	その他	標高	高山	高原	平地	島嶼	

22　★★

13 オオコブスジコガネ

Trogidae　コブスジコガネ科

***Omorgus* (*Afromorgus*) *chinensis* (Boheman, 1858)**

体長　11.0〜13.1 mm　**特徴**　大型で，厚みのある特異な体型．頭楯は三角形で，前縁は強く上反する(5)．触角柄節は強く湾曲し，末端手前で第2節と接続する(5)．小楯板は3葉片状(8)．前胸背板側縁は中央が張り出す(5)．上翅は不明瞭な点刻列をもち，間室は縦長の褐色短毛群と不規則な横隆起をそなえる(5)．前脛節端は丸く広がる(9)．〔1-4：♂，5：頭胸部，6：♂腹板，7：♀腹板，8：小楯板，9：前脛節，10：♂交尾器背面，11：♂交尾器側面〕

雌雄の区別　♂は♀に比べ，後胸腹板，中・後腿節下面の毛が発達する(6-7)．

生態　国内では，主に黒潮のあたる太平洋岸の良好な海浜環境の残る場所で確認されている．砂上に打ち上げられた海鳥や魚の死体などに集まり，灯火にも飛来する．全国的に減少しており，絶滅が心配される．

分布	北海道	東北	東本州	伊・小	西本州	四国	九州	対馬	屋久島	ト・奄	沖縄	八重山
			●		●		●					

発生	1月	2月	3月	4月	5月	6月	7月	8月	9月	10月	11月	12月
					●	●	●	●	●			

環境	草原	森林	海浜	河川敷	落葉下	その他	標高	高山	高原	平地	島嶼
			●							●	●

22　★★★★★

14-1　マンマルコガネ　原名亜種　　　　　　　　　　　　　　　　Ceratocanthidae　マンマルコガネ科
Madrasostes kazumai kazumai Ochi, Johki et Nakata, 1990

体長　5.0〜5.8 mm　　**特徴**　前胸背板及び上翅は半球状に折れ曲がり，脛節は板状で後脛節は特に幅広く，丸まった体勢をとるとこれらが一体となって球状になり，外敵を防御する．〔1-4：♂，5：頭部，6：前胸背板，7：上翅，8：♂前脛節，9：♀前脛節，10：♂中脛節，11：♂後脛節，12：♂交尾器背面，13：♂交尾器側面（すべて奄美大島産）〕

雌雄の区別　前脛節端棘の先端が，♂は内側に湾曲し(8)，♀はまっすぐに尖る(9)．

生態　赤茶色のフレークが溜まった古木や朽木に生息し，フレーク中にはほぼ年間を通じて成虫及び幼虫が見られる．夏季，発生木の表面を夜間徘徊し，交尾・産卵する．シロアリと一緒に発見されることが多い．

分布	北海道	東北	東本州	伊・小	西本州	四国	九州	対馬	屋久島	ト・奄	沖縄	八重山
							■			■	■	

発生	1月	2月	3月	4月	5月	6月	7月	8月	9月	10月	11月	12月
			■	■	■	■	■	■	■	■	■	

環境	草原	森林	海浜	河川敷	落葉下	その他	標高	高山	高原	平地	島嶼
		■									■

23　★★★

14-2 マンマルコガネ 八重山諸島亜種　　　　　　　　　　　　Ceratocanthidae　マンマルコガネ科
Madrasostes kazumai hisamatsui Ochi, 1990

体長　5.0〜5.8 mm　**特徴**　原名亜種に比べ点刻が疎で、上翅の縦隆起が強いことで区別されるが、その差は軽微である。〔1-4：♂、5：頭部、6：背面、7：側面、8：腹面、9：前胸背板、10：♂前脛節、11：♀前脛節、12：♂中脛節、13：♂後脛節、14：上翅、15：腹部、16：♂交尾器背面、17：♂交尾器側面（すべて石垣島産）〕

雌雄の区別　前脛節端棘の先端が、♂は内側に湾曲し(10)、♀はまっすぐに尖る(11)。

生態　原名亜種と同様、スダジイなどのウロや朽木内部に溜まった赤茶色のフレーク中で、ほぼ通年成虫及び幼虫が見られる。原名亜種よりも発見は容易だが、発生個体数が多いのではなく生息する森林の規模やフレークのある古木がどれだけ存在するかに左右されるためと思われる。

分布	北海道	東北	東本州	伊・小	西本州	四国	九州	対馬	屋久島	ト・奄	沖縄	八重山
発生	1月	2月	3月	4月	5月	6月	7月	8月	9月	10月	11月	12月
環境	草原	森林	海浜	河川敷	落葉下	その他	標高	高山	高原	平地	島嶼	

23 ★★★

15　イシガキトビイロセンチコガネ 日本亜種　　　　　　　　　　Bolboceratidae　ムネアカセンチコガネ科
Bolbelasmus nativus ishigakiensis Masumoto, 1984

体長　10.5〜12.5 mm　**特徴**　背面は全体暗赤褐色で光沢をもつ．頭楯は六角形で基部両側は尖り，上反する(5-6)．♂の角状突起は前頭中央(5, 7)．前胸背板は粗大点刻を散布する(9-10)．♂交尾器は軟弱で，側片先端は裁断状(14).
　〔1-4：♀, 5：♂頭部, 6：♀頭部, 7：♂頭胸部側面, 8：♀頭胸部側面, 9：♂前胸背板, 10：♀前胸背板, 11：上翅, 12：♂前脛節, 13：♀前脛節, 14：♂交尾器背面（すべて石垣島産）〕

雌雄の区別　♂は前頭中央部に角状突起をそなえ，♀では3突起のある横隆起をもつ．

生態　春〜初夏に出現し，山地の自然林や伐採跡地などの地表近くを，夕方〜夜間に低い音をたてながらホバリングするように飛翔する．夜間活動している個体は，光をあてると複眼がオレンジ色に輝く．幼虫期は不明．

16 アマミトビイロセンチコガネ　　　　　　　　　　　　　　Bolboceratidae　ムネアカセンチコガネ科
***Bolbelasmus shibatai* Masumoto, 1984**

体長　8.5～13.0 mm　**特徴**　背面は全体暗赤褐色で光沢をもつ．頭楯は半円形で基部両側はわずかに上反する．♂の角状突起は前頭前方．前胸背板は粗大点刻を散布するが，♀では少ない．♂交尾器側片先端は細まる．〔1-4：♂, 5：♂頭部，6：♀頭部，7：♂頭胸部側面，8：♀頭胸部側面，9：♂前胸背板，10：♀前胸背板，11：上翅，12：♂前脛節，13：♀前脛節，14：♂交尾器背面（すべて奄美大島産）〕

雌雄の区別　♂は前頭前方に1本角をそなえ，♀は頭頂中央部に3突起ある短い横隆起をもつ．

生態　気温が高く風の無い夕方～夜間に林床を低く音をたてながら飛翔する．食性および幼虫期は不明．チーズと酒のトラップに誘引された例がある．低い位置を飛翔するため，地表に設置したFIT（衝突板トラップ）で得られる．

分布	北海道	東北	東本州	伊・小	西本州	四国	九州	対馬	屋久島	ト・奄	沖縄	八重山
発生	1月	2月	3月	4月	5月	6月	7月	8月	9月	10月	11月	12月
環境	草原	森林	海浜	河川敷	落葉下	その他	標高	高山	高原	平地	島嶼	

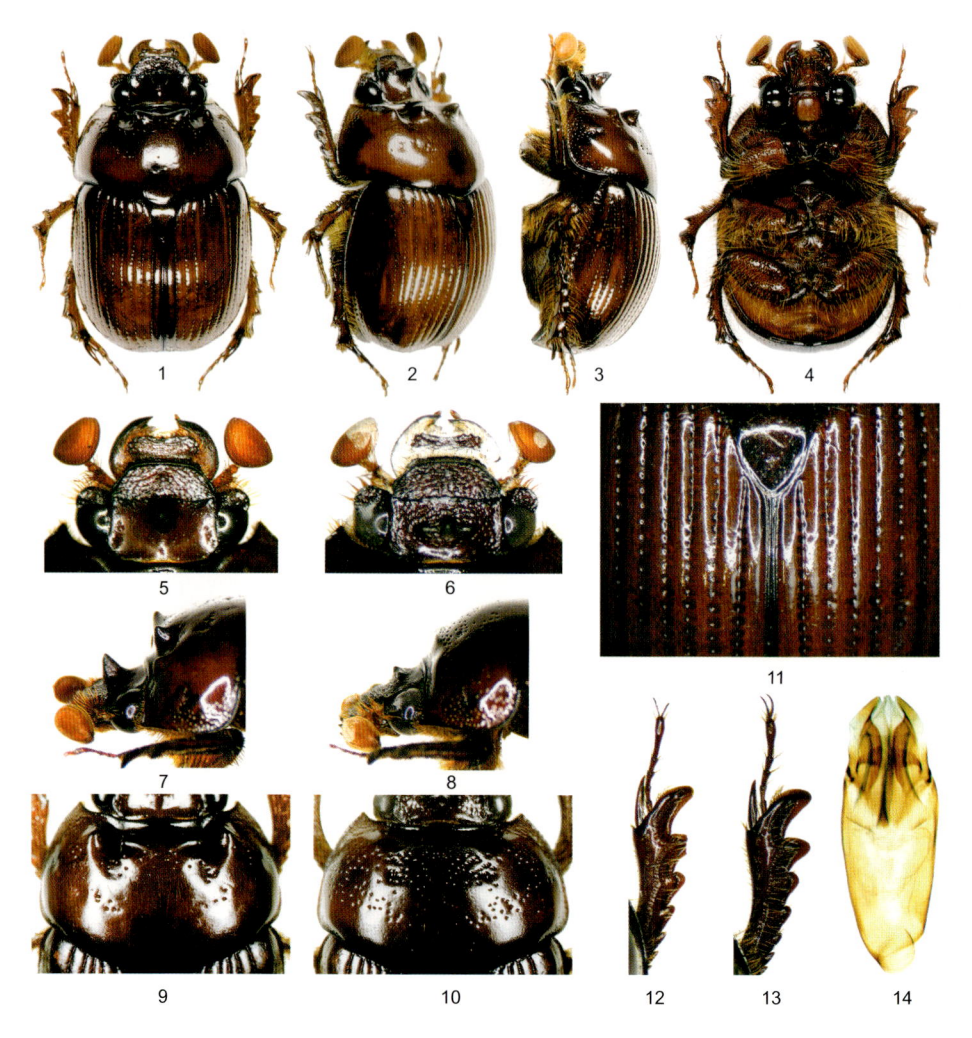

17　キボシセンチコガネ　　　　　　　　　　　　　　　　　　　　Bolboceratidae　ムネアカセンチコガネ科
***Bolbochromus ryukyuensis* Masumoto, 1984**

体長　8.5〜11.0 mm　　**特徴**　光沢のある黒色で，前胸背板側部と上翅基部に明るい黄色の鮮やかな紋をもつ．紋は個体変異が大きく，発達するものと消失するものがある(5-7)．頭楯前縁は中央部で上反．頭頂基部に2突起をもつ横隆起をそなえる(9-10)．複眼上面は上部が眼縁突起で覆われる(9)．前胸背板の中央部の縦溝は深く，明瞭に点刻される．
　〔1-4：♂，5-7：個体変異，8：前脛節，9：頭部背面，10：頭胸部側面，11：交尾器背面（すべて石垣島産）〕

雌雄の区別　交尾器で区別．

生態　春期と秋期，夕方の薄暮時前後に良好な森林の林床を飛翔することが知られている．飛び方はゆっくりとホバリングしながら蛇行して飛ぶときと，素早く直線的に飛ぶときとがある．食性や幼虫期の生態は不明．

分布	北海道	東北	東本州	伊・小	西本州	四国	九州	対馬	屋久島	ト・奄	沖縄	八重山
												■

発生	1月	2月	3月	4月	5月	6月	7月	8月	9月	10月	11月	12月
				■	■	■				■		

環境	草原	森林	海浜	河川敷	落葉下	その他	標高	高山	高原	平地	島嶼
		■									■

24　★★★★

18　ムネアカセンチコガネ　　　　　　　　　　　　　　　　　　　　　Bolboceratidae　ムネアカセンチコガネ科
***Bolbocerosoma* (*Bolbocerodema*) *nigroplagiatum* (Waterhouse, 1875)**

体長　9.0〜14.0 mm　**特徴**　背面は橙色と黒色の2色で, 斑紋変異に富む(17-23). 腹面は橙黄色(4, 8). 北日本では前胸背板が橙色の個体が一般的だが, 西本州〜九州では変異に富む. 触角球カン部は良く発達. 頭楯前縁は中央部で上反. 頭頂基部に2突起を持つ横隆起をそなえる(9-10). 複眼上面は上部が眼縁突起で覆われる(9, 12). 腹面には長毛を密布(4, 8). 〔1-4：♂, 5-8：♀, 9：♂頭部背面, 10：♂頭部側面, 11：♂前脛節〕

雌雄の区別　上面からは判り難いが, 斜め後方か側方から見ると, ♂は前頭中央に小角を持ち, ♀ではそれを欠く.

生態　公園の芝生, ゴルフ場, 放牧地などに生息し, 成虫は地面に穴を掘って地中に潜み, 暖かい無風の日没直後に, 地表付近をブンブンという羽音をたてながら飛翔する. 灯火によく飛来し, オレンジ色のナトリウム燈にも集まる.

分布	北海道	東北	東本州	伊・小	西本州	四国	九州	対馬	屋久島	ト・奄	沖縄	八重山
発生	1月	2月	3月	4月	5月	6月	7月	8月	9月	10月	11月	12月
環境	草原	森林	海浜	河川敷	落葉下	その他	標高	高山	高原	平地	島嶼	

24　★★★

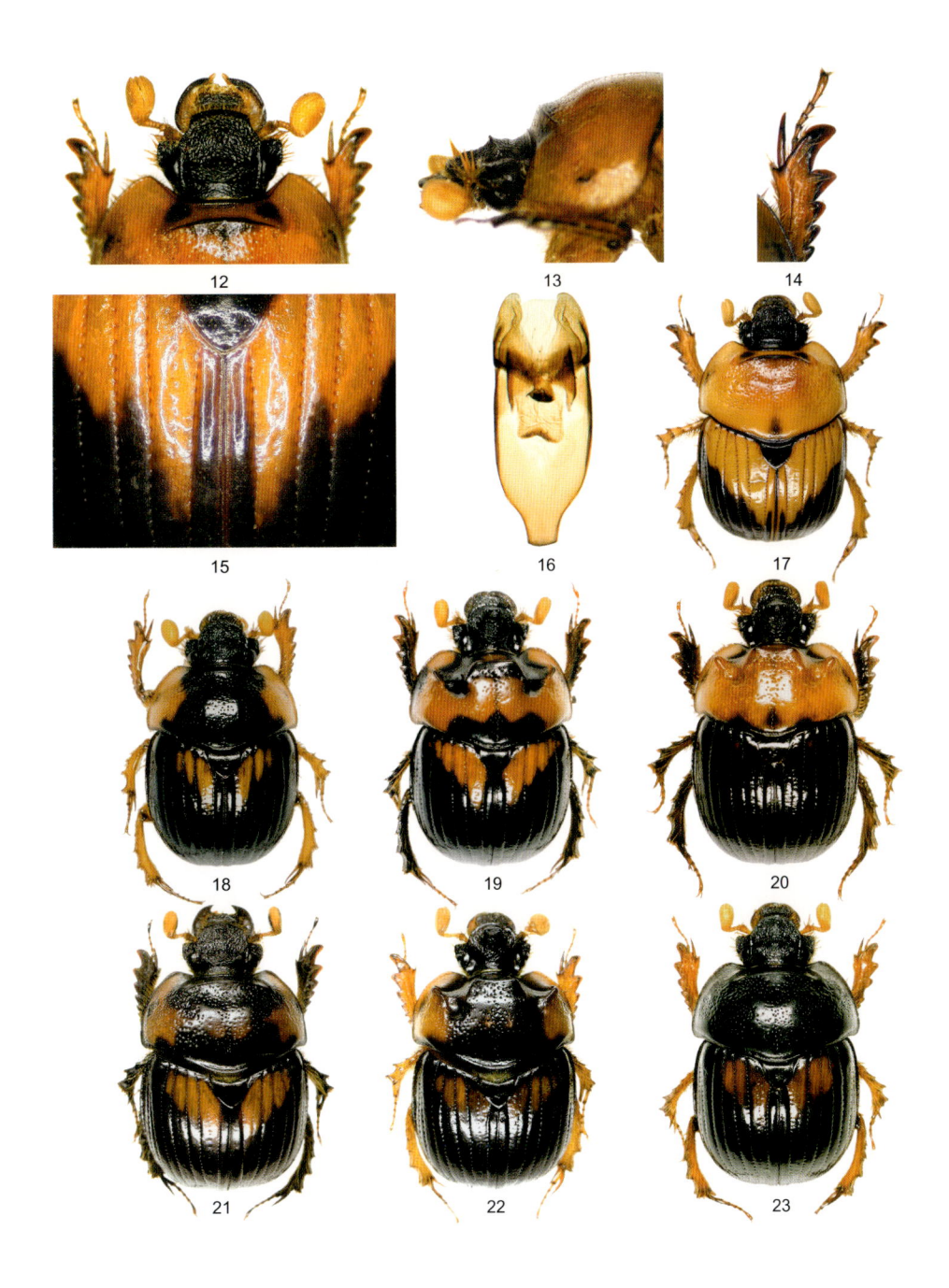

ムネアカセンチコガネ　*Bolbocerosoma (Bolbocerodema) nigroplagiatum*

12：♀頭部背面，13：♀頭部側面，14：♀前脛節，15：上翅，16：♂交尾器背面，17-23：個体変異（1-17：三重県産，18-20，21-22：熊本県産，23：大分県産）．

19-1　オオセンチコガネ　原名亜種　　　　　　　　　　　　　　　　Geotrupidae　センチコガネ科
Phelotrupes (Chromogeotrupes) auratus auratus (Motschulsky, 1857)

体長　12.4〜22.0 mm　**特徴**　金赤，金緑，藍色などの金属光沢が強い．頭部は頭楯が台形で，会合線はV字型(10-11)．前胸背板は中央に，中央に達する縦溝をもつ．〔1-4：♂，5-7：♀，8：♂交尾器背面，9：♂交尾器側面，10：♂頭部，11：♀頭部，12：♂前脛節背面，13：♂前脛節側面，14：♀前脛節背面，15：♀前脛節側面〕

雌雄の区別　♂は頭楯の金属光沢が強く(10)，前脛節は第1外歯が前方に伸び(12)，また下方に3-4歯突出する(13)．♀は頭楯の金属光沢が弱く(11)，前脛節は第1外歯が外側に曲がり(14)，また下方に突出する歯を欠く(15)．

生態　林内の新鮮なシカ糞や放牧地の牛糞から見つかることが多く，馬・サル・キツネ・犬・人などの糞にも集まり，FITやPTでも捕獲されている．平地〜高原まで幅広く生息し，8〜9月にかけて個体数を増す．

分布	北海道	東北	東本州	伊・小	西本州	四国	九州	対馬	屋久島	ト・奄	沖縄	八重山
発生	1月	2月	3月	4月	5月	6月	7月	8月	9月	10月	11月	12月

環境	草原	森林	海浜	河川敷	落葉下	その他	標高	高山	高原	平地	島嶼

25 ★★

オオセンチコガネ　原名亜種　*Phelotrupes (Chromogeotrupes) auratus auratus*

1：北海道穂別町，2：北海道七飯町，3：北海道大樹町，4：北海道知床岬，5：宮城県金華山，6：新潟県中条町，7：千葉県，8：群馬県六合村，9：神奈川県大山，10：長野県南佐久郡，11：静岡県水窪町，12：岐阜県池田町，13：三重県野登山，14：三重県伊勢神宮，15：滋賀県比良山，16：滋賀県音羽山（色変わり個体），17：滋賀県霊仙山，18：京都府牛尾山，19：奈良県春日山，20：奈良県和佐又山，21：広島県宮島，22：愛媛県丹原町，23：大分県宇目町，24：熊本県南小国町，25：宮崎県都井岬（色変わり個体）．

19-2　オオセンチコガネ　屋久島亜種 Geotrupidae　センチコガネ科
***Phelotrupes (Chromogeotrupes) auratus yaku* (Tsukamoto, 1958)**

体長　13.7〜16.9 mm　**特徴**　緑〜藍色の金属光沢が強く，腹面も金属光沢をおびる．前亜種に比べ小型．〔1-4：♂，5-7：♀，8：♂交尾器背面，9：♂交尾器側面，10：♂頭部，11：♀頭部，12：♂前脛節背面，13：♂前脛節側面，14：♀前脛節背面，15：♀前脛節側面〕

雌雄の区別　♂は頭楯の金属光沢が強く(10)，前脛節は第1外歯が前方に伸び(12)，また下方に3-4歯が突出する(13)．♀は頭楯の金属光沢が弱く(11)，前脛節は第1外歯が外側に曲がり(14)，また下方に突出する歯を欠く(15).

生態　林内やオープンランドの新鮮なヤクシカやヤクザルの糞から見つかることが多く，牛・犬・人などの糞にも集まる．本種は山地に生息し平地にはセンチコガネが生息しているが，中間の標高では混生する場所もある．

分布	北海道	東北	東本州	伊・小	西本州	四国	九州	対馬	屋久島	ト・奄	沖縄	八重山
									屋久島			

発生	1月	2月	3月	4月	5月	6月	7月	8月	9月	10月	11月	12月
						6月	7月	8月	9月	10月		

環境	草原	森林	海浜	河川敷	落葉下	その他	標高	高山	高原	平地	島嶼
		森林									島嶼

25　★★★

20　オオシマセンチコガネ Geotrupidae　センチコガネ科
***Phelotrupes (Eogeotrupes) oshimanus* (Fairmaire, 1895)**

体長　14.3〜23.1 mm　**特徴**　光沢の鈍い黒〜黒褐色で，ときに金属色をおびる．頭部は会合線がV字型(10-11)．上翅側縁は反り返らず，条溝内の点刻は粗大．〔1-4：♂, 5-7：♀, 8：♂交尾器背面, 9：♂交尾器側面, 10：♂頭部, 11：♀頭部, 12：♂前脛節背面, 13：♂前脛節側面, 14：♀前脛節背面, 15：♀前脛節側面（すべて奄美大島産）〕

雌雄の区別　♂は頭楯が半円形で(10)，前脛節は下方に1歯突出する(13)．♀は頭楯が放物線状にやや隆まり(11)，前脛節は下方に突出する歯を欠く(15)．

生態　林道上のアマミノクロウサギの糞から見つかることが多く，牛糞トラップにもよく集まる．山地に生息し，昼間活動する．晩秋〜冬季にかけて個体数を増す．奄美大島や徳之島から知られている．

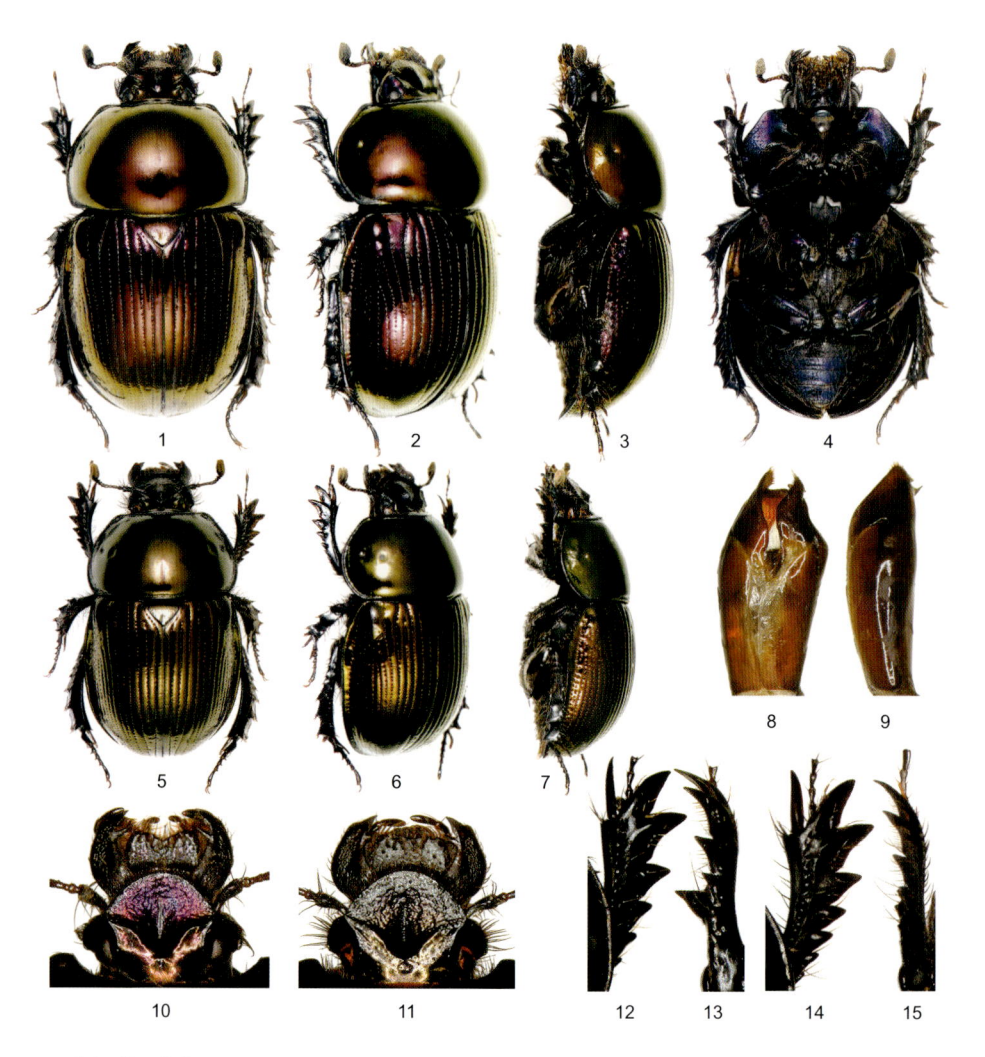

21 センチコガネ

Geotrupidae　センチコガネ科

***Phelotrupes* (*Eogeotrupes*) *laevistriatus* (Motschulsky, 1857)**

体長　12.4〜21.5 mm　**特徴**　紫，紫銅，青紫，金銅，緑銅などの金属光沢をおびる．頭部は前縁が丸みをおび，頭楯は短く，会合線はV字型(10-11)．♂交尾器は非対称(8)．〔1-4：♂, 5-7：♀, 8：♂交尾器背面, 9：♂交尾器側面, 10：♂頭部, 11：♀頭部, 12：♂前脛節背面, 13：♂前脛節側面, 14：♀前脛節背面, 15：♀前脛節側面〕

雌雄の区別　♂は頭楯の金属光沢が強く(10)，前脛節は下方に1歯突出する(13)．♀は頭楯の金属光沢が弱く(11)，前脛節は下方に突出する歯を欠く(15)．

生態　林内の獣糞から見つかることが多く，牛・シカ・サル・ヒツジ・キツネ・タヌキ・イノシシ・犬・人などの糞に集まる．食性は幅広く，腐敗動植物質や樹液，FIT・PT・羽毛トラップなどでも得られている．

分布	北海道	東北	東本州	伊・小	西本州	四国	九州	対馬	屋久島	ト・奄	沖縄	八重山
発生	1月	2月	3月	4月	5月	6月	7月	8月	9月	10月	11月	12月
環境	草原	森林	海浜	河川敷	落葉下	その他	標高	高山	高原	平地	島嶼	

センチコガネ　*Phelotrupes* (*Eogeotrupes*) *laevistriatus*

1：北海道礼文島，2：北海道浜益村，3：青森県鯵ヶ沢町，4：群馬県上野村，5：新潟県佐渡島，6：三重県伊勢神宮，7：兵庫県淡路島，8-12：大分県宇目町，13：長崎県上五島町，14：長崎県対馬，15：鹿児島県内之浦町，16：鹿児島県屋久島．

22 フチトリアツバコガネ　原名亜種　　　　　　　　　　　　　　　　　Hybosoridae　アツバコガネ科
Phaeochrous emarginatus emarginatus Castelnau, 1840

体長　9.0〜11.0 mm　**特徴**　光沢のある黒褐色．複眼は大きい．頭楯は前縁で湾入しシワ状(9-10)．上翅はいくつかの間室がやや膨隆する(2)．〔1-4：♂，5-6：♀，7：前胸背板，8：上翅，9：♂頭部，10：♀頭部，11：♂交尾器背面，12：♂交尾器側面，13：♂前脛節，14：♀前脛節，15：♂後脛節端棘，16：♀後脛節端棘（すべて西表島産）〕

雌雄の区別　♂は♀に比べ，大腮が大きく，頬はより強く突出し(9)，前脛節の外歯は細く(13)，すべての爪は長くなり，中・後脛節の端棘は長い(15)．

生態　腐敗動物質から見つかることが多く，FITでもよく捕獲され，灯火によく飛来する．平地〜山地まで幅広く生息し，餌に集団で集まることも多い．琉球地方には広く分布し，個体数も多い．夏季に個体数を増す．

分布	北海道	東北	東本州	伊・小	西本州	四国	九州	対馬	屋久島	ト・奄	沖縄	八重山
発生	1月	2月	3月	4月	5月	6月	7月	8月	9月	10月	11月	12月
環境	草原	森林	海浜	河川敷	落葉下	その他	標高	高山	高原	平地	島嶼	

26 ★

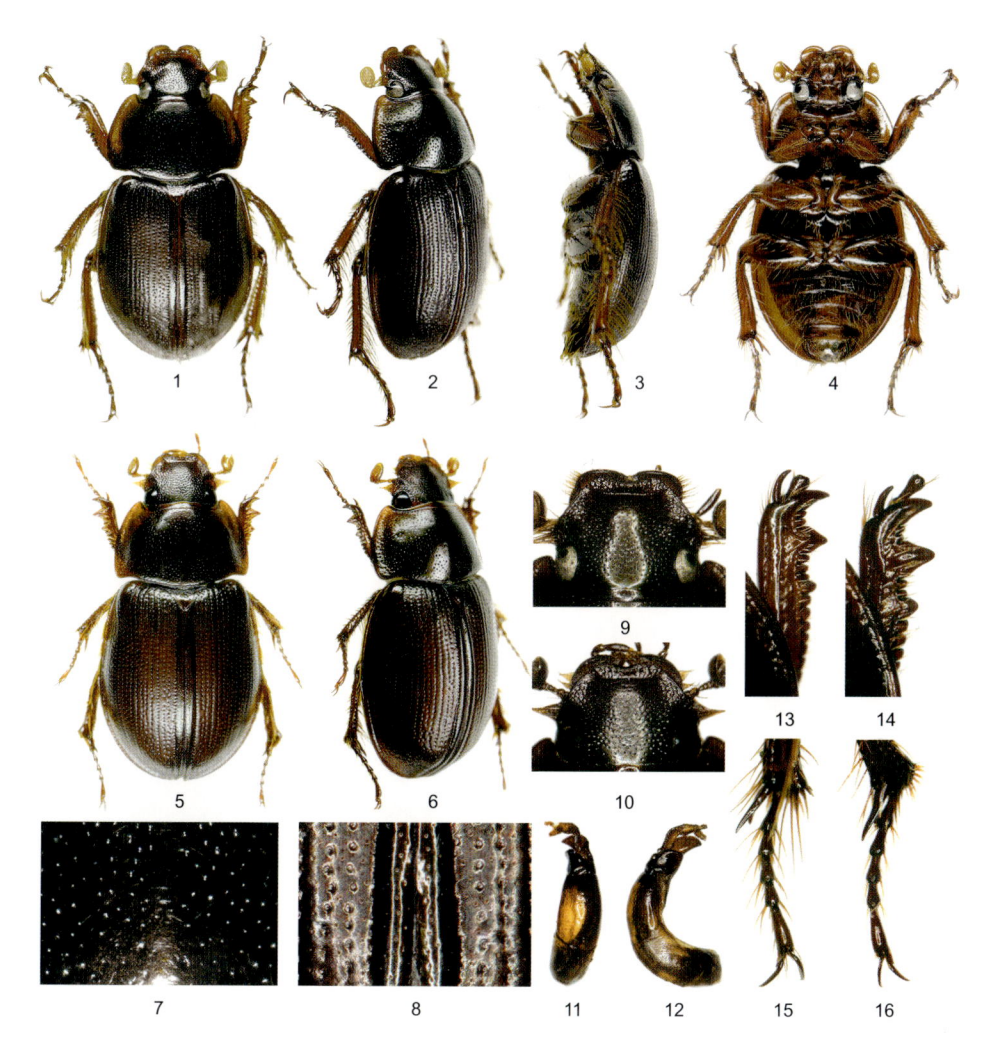

23 ヒメフチトリアツバコガネ　　　　　　　　　　　　　　　　　Hybosoridae　アツバコガネ科
***Phaeochrous tokaraensis* Nomura, 1961**

体長　7.0〜9.0 mm　　**特徴**　前種に似るが，濃赤褐色で，複眼は小さく，上翅間室がほぼ平坦(8)．♂は前種と比べ頬の突出が弱く，大腮外縁は角張らない(9)．〔1-4：♂，5-6：♀，7：前胸背板，8：上翅，9：♂頭部，10：♀頭部，11：♂交尾器背面，12：交尾器側面，13：♂前脛節，14：♀前脛節，15：♂後脛節端棘，16：♀後脛節端棘（すべて奄美大島産）〕

雌雄の区別　♂は♀に比べ，大腮が大きく，頬はやや突出し(9)，フ節は太く，爪は長い(15)．

生態　前種同様に腐敗動物質から発見され，灯火に飛来する．分布は局所的で，奄美大島や宝島から知られており，奄美大島では爬虫類の死体で得られた例がある．両島には前種も生息しており，小型個体で混同されることがある．

分布	北海道	東北	東本州	伊・小	西本州	四国	九州	対馬	屋久島	ト・奄	沖縄	八重山
										●		

発生	1月	2月	3月	4月	5月	6月	7月	8月	9月	10月	11月	12月
							●					

環境	草原	森林	海浜	河川敷	落葉下	その他	標高	高山	高原	平地	島嶼
		●									●

27　★★★★★

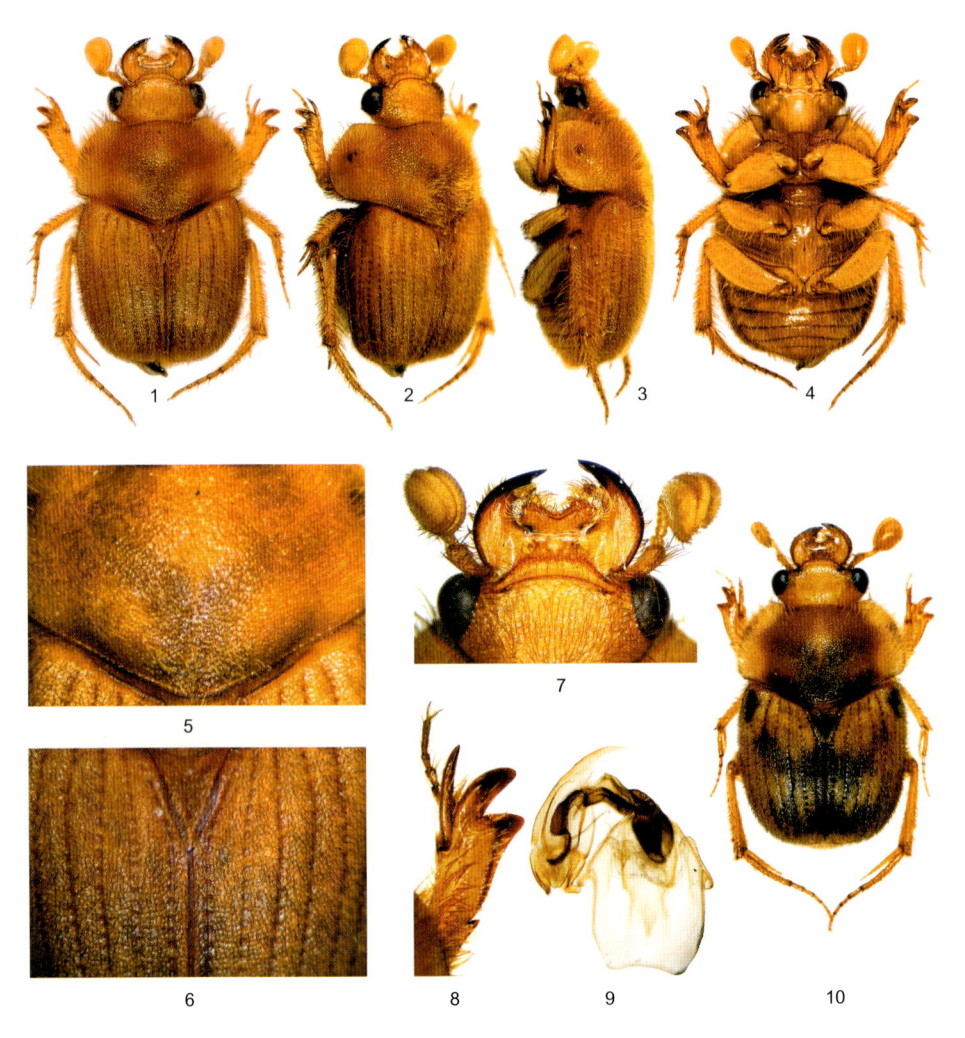

24 アサヒナアカマダラセンチコガネ Ochodaeidae アカマダラセンチコガネ科
Ochodaeus asahinai Y. Kurosawa, 1968

体長 6.0〜11.0 mm **特徴** 腹面を含め体全体が赤褐色で体表は長い毛で覆われる(1-4). 前胸背板及び上翅に不明瞭な暗色紋をもつ. 稀に, 暗色紋が非常に発達する変異個体も出現する(10). 頭部は横長で, 前頭と頭楯の間に単純な横隆起をもつのみ. 〔1-4：♂, 5：前胸背板, 6：上翅, 7：頭部, 8：前脛節, 9：♂交尾器側面, 10：個体変異（すべて石垣島産）〕

雌雄の区別 前頭と頭楯の間の横隆起は♂では側部まで明瞭, ♀では側部では弱くなり不明瞭.

生態 次種の原名亜種よりやや遅れて発生し, 5月中旬くらいにピークを迎える. 成虫は日中に赤っぽいハエのように林内の開けた空間のやや低い場所を飛翔する. 幼虫期は不明.

分布	北海道	東北	東本州	伊・小	西本州	四国	九州	対馬	屋久島	ト・奄	沖縄	八重山
発生	1月	2月	3月	4月	5月	6月	7月	8月	9月	10月	11月	12月
環境	草原	森林	海浜	河川敷	落葉下	その他	標高	高山	高原	平地	島嶼	

27 ★★★

25-1　オキナワアカマダラセンチコガネ　原名亜種　　　　　　　　　Ochodaeidae　アカマダラセンチコガネ科
Ochodaeus interruptus interruptus Y. Kurosawa, 1968

体長　6.0～12.0 mm　　**特徴**　腹面は黒色，背面は淡黄褐色で黒紋をそなえる．頭部は通常2色で頭楯は前方へ突出し，前縁は弧状．1対の頭楯の横隆起はほぼ直線状で雌雄ともに中央で分断され完全に離れ，側部で隆起は低くなる．後方の窪みは2亜種内で一番浅く，1対の球状に窪む(9)．前胸前縁は中央両側でわずかに湾入する．〔1-4：♂，5-6：個体変異，7：頭部前面，8：頭部側面，9：頭部背面，10：上翅，11：前脛節，12：♂交尾器側面（すべて石垣島産）〕

雌雄の区別　交尾器で区別．
生態　冬～春に主に活動し，日中ハエやアブのように低い位置を活発に飛翔する．海岸林から山中の森林まで広く生息している．幼虫期は不明．地表付近を飛翔するため，林床に設置したFITなどで得られる．

分布	北海道	東北	東本州	伊・小	西本州	四国	九州	対馬	屋久島	ト・奄	沖縄	八重山
発生	1月	2月	3月	4月	5月	6月	7月	8月	9月	10月	11月	12月
環境	草原	森林	海浜	河川敷	落葉下	その他	標高	高山	高原	平地	島嶼	

27　★★

25-2　オキナワアカマダラセンチコガネ　奄美・沖縄亜種　　Ochodaeidae　アカマダラセンチコガネ科
Ochodaeus interruptus kurosawai Ochi et Kawai, 2002

体長　7.0〜11.5 mm　**特徴**　腹面は通常黒色，背面は淡黄褐色で黒紋をそなえる．頭部は通常2色で頭楯は前方へ突出し，右側が異型に突出する個体が多い(9-10)．島によって特徴が異なる．頭楯の横隆起は明瞭で，沖縄慶良間諸島産の♂は直線状に繋がり(9)，奄美産では中央が切れ込み逆ハの字状(10)．〔1-4：♂，5-6：変異，7-8：♂頭部前面，9-10：♂頭部背面，11：♂交尾器側面（1-4, 11：沖縄島産，5, 7, 9：慶良間諸島産，6, 8, 10：奄美大島産）〕

雌雄の区別　沖縄島産では，頭楯の横隆起は大型♂では途切れずに繋がるが，小型♂及び♀では中央で途切れる．

生態　主に春活動し，日中ハエやアブのように低い位置を活発に飛翔する．幼虫期は不明．地表付近を飛翔するため谷底や河川周囲の地面に設置したFITで捕獲されている．

分布	北海道	東北	東本州	伊・小	西本州	四国	九州	対馬	屋久島	ト・奄	沖縄	八重山
発生	1月	2月	3月	4月	5月	6月	7月	8月	9月	10月	11月	12月
環境	草原	森林	海浜	河川敷	落葉下	その他	標高	高山	高原	平地	島嶼	

27　★★★★

26 アカマダラセンチコガネ 原名亜種　　　　Ochodaeidae　アカマダラセンチコガネ科
Ochodaeus maculatus maculatus Waterhouse, 1875

体長　6.4〜11.0 mm　　**特徴**　体は黒色で，触角末端，前胸背板両側，上翅，腿節に黄白色部をもち，全体白色と黒色の毛で覆われる．頭部は黒色で背面は平圧され，基部に凹みをもつ(7-8)．上翅は全体黄白色で，中央に黒帯を有し，肩部と翅端部に黒紋をもつ(1)．〔1-4：♂，5：前胸背板，6：上翅，7：♂頭部背面，8：♀頭部背面，9：♂頭胸部側面，10：♂頭部側面，11：♂前脛節，12：♀前脛節，13：♂交尾器側面〕

雌雄の区別　♂は頭楯に逆U字状の隆起をもち(7)，♀は前頭と頭楯の境目付近左右に短い横隆起をそなえる(8)．

生態　成虫は，林内の陽だまりや伐採地，林縁などを日中アブやハエのように飛翔する．また，牧場などの背の低い芝地で，小さな土盛りをともなった鉛筆径くらいの小さな穴を開けて，中に成虫が潜んでいるのが確認されている．

分布	北海道	東北	東本州	伊・小	西本州	四国	九州	対馬	屋久島	ト・奄	沖縄	八重山
		●			●	●	●					

発生	1月	2月	3月	4月	5月	6月	7月	8月	9月	10月	11月	12月
				●	●	●	●	●	●	●		

環境	草原	森林	海浜	河川敷	落葉下	その他	標高	高山	高原	平地	島嶼
		●							●	●	

28 ★★★

27 マルダルマコガネ Scarabaeidae コガネムシ科
Panelus ovatus Nomura, 1973

体長 2.0〜2.5 mm **特徴** 光沢のある黒褐色.頭部は前縁中央が切れ込み,両側は1対の突起をもつ(5).前胸背板は一様に小点刻を散布(8).後胸腹板は前縁が逆V字状に突出(6).尾節板は強く膨隆する(7).〔1-4:♂,5:頭部,6:後胸腹板,7:尾節板,8:前胸背板,9:上翅,10:♂交尾器背面,11:♂交尾器側面(すべてトカラ中之島産)〕

雌雄の区別 交尾器で区別.

生態 人糞や羽毛トラップから得られるが,他のマメダルマコガネ属同様に雑食性が強い.また落葉下からも得られると思われる.トカラ列島からの採集例が多く,中之島・諏訪瀬島・悪石島から知られているが,奄美大島・徳之島でも採集例がある.

分布	北海道	東北	東本州	伊・小	西本州	四国	九州	対馬	屋久島	ト・奄	沖縄	八重山
										●		

発生	1月	2月	3月	4月	5月	6月	7月	8月	9月	10月	11月	12月
					●	●	●	●	●	●		

環境	草原	森林	海浜	河川敷	落葉下	その他	標高	高山	高原	平地	島嶼
		●									●

28 ★★★

28 マメダルマコガネ Scarabaeidae コガネムシ科
Panelus parvulus (Waterhouse, 1874)

体長 1.7〜3.0 mm **特徴** 光沢のある黒褐色.前種に似るが,前胸背板は点刻がやや密で(8),後胸腹板は前縁が強く逆V字状に突出し(6),尾節板の膨隆は弱い(7).〔1-4:♂,5:頭部,6:後胸腹板,7:尾節板,8:前胸背板,9:上翅,10:♂前脛節,11:♂交尾器背面,12:♂交尾器側面〕

雌雄の区別 交尾器で区別.

生態 林内の獣糞から見つかることが多く,落葉下からもよく抽出される.牛・馬・シカ・キツネ・タヌキ・テン・犬・人などの糞に集まる.また,樹皮下・腐敗動物質・FIT・PTでも得られ,雑食性が強い.野外で糞球を転がす様子が観察されている.

分布	北海道	東北	東本州	伊・小	西本州	四国	九州	対馬	屋久島	ト・奄	沖縄	八重山
		東北	東本州	伊・小	西本州	四国	九州	対馬				

発生	1月	2月	3月	4月	5月	6月	7月	8月	9月	10月	11月	12月

環境	草原	森林	海浜	河川敷	落葉下	その他	標高	高山	高原	平地	島嶼

28 ★★

29 アカダルマコガネ　　　　　　　　　　　　　　　　Scarabaeidae　コガネムシ科
***Panelus rufulus* Nomura, 1973**

- **体長**　2.0〜2.5 mm　**特徴**　光沢の弱い赤褐色．前2種に似るが，前胸背板の点刻はやや小さく(8)，後胸腹板は前縁が弱く逆V字状に突出する(6)．〔1-4：♂，5：頭部，6：後胸腹板，7：尾節板，8：前胸背板，9：上翅，10：♂交尾器背面，11：♂交尾器側面（すべて西表島産）〕
- **雌雄の区別**　交尾器で区別．
- **生態**　前2種同様雑食性が強く，林内の腐敗動物質や落葉下から見つかることが多いが，人糞・油かす・蛹粉・FIT・焼酎PT・羽毛トラップなどでも得られている．平地〜山地まで幅広く生息し，八重山諸島の石垣島・西表島・波照間島から知られている．

分布	北海道	東北	東本州	伊・小	西本州	四国	九州	対馬	屋久島	ト・奄	沖縄	八重山
												八重山

発生	1月	2月	3月	4月	5月	6月	7月	8月	9月	10月	11月	12月
	1月	2月	3月	4月	5月	6月	7月	8月	9月	10月	11月	12月

環境	草原	森林	海浜	河川敷	落葉下	その他	標高	高山	高原	平地	島嶼
		森林			落葉下						島嶼

28 ★★

30　ダルマコガネ　　　　　　　　　　　　　　　　　　　　　　　　　Scarabaeidae　コガネムシ科
***Paraphytus dentifrons* (Lewis, 1895)**

体長　5.2〜5.7 mm　　**特徴**　光沢のある黒色．頭部前縁に4葉状突起があり，中央はやや湾入する．前脛節は先端が広く裁断状で，裁断面に沿って溝があり，フ節を格納できるようになっている．〔1-4：♀，5：頭部，6：前胸背板，7：上翅，8：側縁部，9：前脛節先端部，10：腹部腹面，11：前脛節，12：中脛節，13：後脛節，14：♂交尾器背面，15：♂交尾器側面（すべて奄美大島産）〕

雌雄の区別　♂の腹部腹節は♀に比べやや縮むが，不明瞭．

生態　成虫は朽木の樹皮下などから見つかるが，産地でも局所的であり，幼生期などの詳しい生態は不明．成虫はほぼ年間を通じて見られる．

31 ゴホンダイコクコガネ

Scarabaeidae コガネムシ科

***Copris* (*Copris*) *acutidens* Motschulsky, 1860**

体長 9.7〜16.0 mm **特徴** 光沢の強い黒色．頭部は頭楯前方がほぼ無点刻で，前縁中央の切れ込みは強い(9)．前胸背板は前角が裁断状に角張る(2)．上翅条溝は強く点刻され，間室は平滑(11)．前脛節は4外歯．〔1-4：♂，5-8：♀，9：♂頭部，10：前胸背板，11：上翅，12：♂交尾器背面，13：♂交尾器側面〕

雌雄の区別 ♂は頭部に角を1本そなえ(3)，前胸背板は4本の角状の突起をもち，また中央後方に弱い縦溝をもつ(1)．♀は頭部に突起をそなえ(7)，前胸背板は前方に4つのコブ状隆起をもち(5-6)，また中央後方の縦溝は不明瞭．

生態 林内の新鮮なシカ糞から見つかることが多く，牛・馬・人などの糞にも集まる．放牧地では馬糞に集まることが多く，夜行性で灯火に飛来する．8〜9月にかけて個体数を増す．

分布	北海道	東北	東本州	伊・小	西本州	四国	九州	対馬	屋久島	ト・奄	沖縄	八重山
		東北	東本州		西本州	四国	九州					

発生	1月	2月	3月	4月	5月	6月	7月	8月	9月	10月	11月	12月
				4月	5月	6月	7月	8月	9月	10月		

環境	草原	森林	海浜	河川敷	落葉下	その他	標高	高山	高原	平地	島嶼
		森林							高原	平地	

29 ★★

32 マルダイコクコガネ

Scarabaeidae　コガネムシ科

***Copris* (*Copris*) *brachypterus* Nomura, 1964**

体長　13.0〜19.0 mm　**特徴**　光沢のやや弱い黒色．前胸背板は強く一様に点刻され(10)，前角は裁断状で(2)，長さは上翅とほぼ同長(1)．上翅間室の点刻は粗大(11)．前脛節は4外歯．後翅は退化する(8)．〔1-4：♂，5-7：♀，8：後翅，9：♂頭部，10：前胸背板，11：上翅，12：♂交尾器背面，13：♂交尾器側面（すべて奄美大島産）〕

雌雄の区別　♂は頭部に角を1本そなえ(3)，前胸背板は中央に2つの隆起をもち(2)，またその両側に1対の突起をもつ(1)．♀は頭部に先端が2つのコブ状となる突起をそなえ(7)，前胸背板は前方に前縁に平行した横隆起をもつ(6)．

生態　夜間林内を徘徊する．アマミノクロウサギの糞から見つかることが多いが，近年この動物の減少にともない，奄美大島では個体数が激減している．産地は局所的で，奄美大島の湯湾岳周辺と徳之島の天城岳しか知られていない．

分布	北海道	東北	東本州	伊・小	西本州	四国	九州	対馬	屋久島	ト・奄	沖縄	八重山
発生	1月	2月	3月	4月	5月	6月	7月	8月	9月	10月	11月	12月
環境	草原	森林	海浜	河川敷	落葉下	その他	標高	高山	高原	平地	島嶼	

29　★★★★

33 ダイコクコガネ   Scarabaeidae コガネムシ科
***Copris* (*Copris*) *ochus* (Motschulsky, 1860)**

体長 15.7〜34.0 mm **特徴** 光沢のやや弱い黒色．頭部は点刻を密布する(11)．前胸背板は強く点刻され(12)，前角は裁断状で角張る(2)．上翅間室は網目状の印刻に覆われる(13)．前脛節は3外歯．〔1-4：♂，5-8：♀，9-10：♂角側面（中・小型個体），11：♂頭部，12：前胸背板，13：上翅，14：♂交尾器背面，15：♂交尾器側面〕

雌雄の区別 ♂は頭部に角を1本そなえ(3)，前胸背板は中央に1対の突起をもち(2)，その両側に1対の小突起をもつ(1)．♀は頭部に両端がコブ状で厚みのある横隆起をそなえ(7)，前胸背板は前方に弧状の横隆起をもつ(6)．

生態 草丈の短い放牧地の新鮮な牛糞から見つかることが多いが，シカ糞に依存している個体群もある．夜行性で灯火によく飛来する．日没から数時間後に飛来する個体が多い．分布は広いが，各地で激減している．

分布	北海道	東北	東本州	伊・小	西本州	四国	九州	対馬	屋久島	ト・奄	沖縄	八重山
発生	1月	2月	3月	4月	5月	6月	7月	8月	9月	10月	11月	12月
環境	草原	森林	海浜	河川敷	落葉下	その他	標高	高山	高原	平地	島嶼	

29 ★★★

34 ミヤマダイコクコガネ　　　　　　　　　　　　　　　　　Scarabaeidae　コガネムシ科
***Copris* (*Copris*) *pecuarius* Lewis, 1884**

体長　17.0～24.2 mm　**特徴**　光沢のある黒色．頭部は粗大点刻を密布し，頭楯前縁中央は強く切れ込む(9)．前胸背板は中央の縦溝は明瞭で(10)，前角は丸い(2)．上翅条溝はやや深く，条溝内は点刻を密布する(11)．前脛節は3外歯．
〔1-4：♂，5-8：♀，9：♂頭部，10：前胸背板，11：上翅，12：♂交尾器背面，13：♂交尾器側面〕

雌雄の区別　♂は頭部に角を1本そなえ(3)，前胸背板は前方中央に2つの隆起をもち(2)，またその両側に1対の突起をもつ(1)．♀は頭部に板状の突起をそなえ(7)，前胸背板は前方に前縁に平行した弱い横隆起をもつ(6-7)．

生態　林内の獣糞を好むが，放牧地から見つかることも多い．新鮮なシカ・牛・羊などの糞に集まり，夜行性で灯火に飛来する．野生獣の糞に依存していることが多く，8～9月にかけて個体数を増す．

分布	北海道	東北	東本州	伊・小	西本州	四国	九州	対馬	屋久島	ト・奄	沖縄	八重山
発生	1月	2月	3月	4月	5月	6月	7月	8月	9月	10月	11月	12月
環境	草原	森林	海浜	河川敷	落葉下	その他	標高	高山	高原	平地	島嶼	

30　★★

35 ヒメダイコクコガネ

Scarabaeidae コガネムシ科

Copris (*Copris*) *tripartius* Waterhouse, 1875

体長 14.0〜19.0 mm **特徴** 光沢のある黒色. 頭部は点刻を密布する(9). 前胸背板は中央の縦溝は明瞭で(1), 前角は裁断状(2). 上翅条溝はやや深く, 条溝内は点刻を密布し, 間室は小点刻を散布する(11). 前脛節は4外歯. 〔1-4：♂, 5-8：♀, 9：♂頭部, 10：前胸背板, 11：上翅, 12：♂交尾器背面, 13：♂交尾器側面（すべて対馬産）〕

雌雄の区別 ♂は頭部に角を1本そなえ(3), 前胸背板は中央に1対の小突起をもち(1-2), またその両側に1対の突起をもつ(1). ♀は頭部に突起をそなえず(7), 前胸背板は前縁に平行した横隆起をもつ(6).

生態 林内の獣糞を好むが, 放牧地の新鮮な牛糞から見つかることが多い. 野生獣の糞に強く依存し, 夜行性で灯火に飛来する. 平地〜山地に幅広く生息し, 9〜10月にかけて個体数を増す. 国内では対馬からのみ知られている.

分布	北海道	東北	東本州	伊・小	西本州	四国	九州	対馬	屋久島	ト・奄	沖縄	八重山
								●				

発生	1月	2月	3月	4月	5月	6月	7月	8月	9月	10月	11月	12月
			●	●	●	●	●	●	●	●		

環境	草原	森林	海浜	河川敷	落葉下	その他	標高	高山	高原	平地	島嶼
		●									●

30 ★★★

36 ツノコガネ

Scarabaeidae　コガネムシ科

***Liatongus* (*Liatongus*) *minutus* (Motschulsky, 1860)**

体長　7.0〜12.4 mm　　**特徴**　光沢のない黒〜暗褐色．頭部は六角形(8-9)．前胸背板は大きな点刻を密布する(12)．上翅は平圧され，条溝は浅く弱い点刻をやや密布し，間室は顆粒状の点刻を散布する(13)．〔1-4：♂，5-7：♀，8：♂頭部，9：♀頭部，10：♂交尾器背面，11：♂交尾器側面，12：前胸背板，13：上翅〕

雌雄の区別　♂は頭部に角を1本そなえ(3)，前胸背板は中央が広く窪み，その両側と基部は隆起する(2)．♀は頭部前方両側と後縁中央が隆起し，頭頂に横隆起をもち(6, 9)，前胸背板中央は窪み，その両側と前方は逆U字状に隆起する(6)．

生態　放牧地の新鮮な牛・馬糞から見つかることが多いが，やや古い糞からもよく得られ，林内のシカなどの糞にも集まる．平地〜高原まで幅広く生息しているが，高原からの採集例が多い．7〜8月にかけて個体数を増す．

分布	北海道	東北	東本州	伊・小	西本州	四国	九州	対馬	屋久島	ト・奄	沖縄	八重山

発生	1月	2月	3月	4月	5月	6月	7月	8月	9月	10月	11月	12月

環境	草原	森林	海浜	河川敷	落葉下	その他	標高	高山	高原	平地	島嶼

37 ヒメコエンマコガネ
Caccobius brevis Waterhouse, 1875

Scarabaeidae　コガネムシ科

体長　3.5～5.5 mm　**特徴**　光沢のある黒～黒褐色で，体表には微毛をよそおう．頭部は2本の横隆起をもつ(9-10)．前胸背板は眼状点刻をやや密布する(11)．上翅条溝は浅く，間室は鮫肌状の印刻に覆われる(12)．〔1-4：♂，5-8：♀，9：♂頭部，10：♀頭部，11：前胸背板，12：上翅，13：前脛節，14：♂交尾器背面，15：♂交尾器側面〕

雌雄の区別　♂は頭部前方の横隆起は直線状で長く(9)，前胸背板は前方に4つの弱いコブ状突起を横列し(2)，その前方は下降する(3)．♀は頭楯の顆粒は横シワ状で，前方の横隆起は弱く弧曲し(10)，前胸背板の膨隆は弱い(7)．

生態　放牧地などのオープンランドに生息し，新鮮なシカ・牛・馬・犬などの糞に集まる．糞の内部やその直下で見つかることが多く，見つけやすいが動きは敏捷．記録は西日本に集中している．

38 マエカドコエンマコガネ
Caccobius jessoensis Harold, 1867

Scarabaeidae　コガネムシ科

体長　4.2〜8.5 mm　**特徴**　光沢のある黒〜黒褐色で，上翅は基部や翅端部に赤褐色紋を現すこともあり(5-7)，無毛．頭部は2本の横隆起をもつ(8-9)．前胸背板は小点刻を疎らに散布する(10)．上翅条溝内の点刻は大きい(11)．〔1-4：♂，5-7：♀，8：♂頭部，9：♀頭部，10：前胸背板，11：上翅，12：♂交尾器背面，13：♂交尾器側面〕
雌雄の区別　♂は頭部前方の横隆起は直線状で，後方の横隆起は2波曲し(8)，前胸背板前方に4つのコブ状突起を横列する(2). ♀は頭楯の顆粒は横シワ状で，前方の横隆起はやや後方に位置し湾曲する(9).
生態　放牧地などのオープンランド〜林内まで幅広く生息し，新鮮な牛・馬・シカ・サル・羊・キツネ・人などの糞に集まる．平地〜高原にかけて生息するが，主に山地で発見されることが多い．動きは敏捷で，糞処理能力は大きい．

分布	北海道	東北	東本州	伊・小	西本州	四国	九州	対馬	屋久島	ト・奄	沖縄	八重山
	北海道	東北	東本州		西本州	四国	九州	対馬				

発生	1月	2月	3月	4月	5月	6月	7月	8月	9月	10月	11月	12月
				4月	5月	6月	7月	8月	9月	10月	11月	

環境	草原	森林	海浜	河川敷	落葉下	その他	標高	高山	高原	平地	島嶼
	草原	森林							高原	平地	

31 ★

39 ニッコウコエンマコガネ

Scarabaeidae コガネムシ科

Caccobius nikkoensis (Lewis, 1895)

体長 4.4〜6.9 mm **特徴** 鈍い銅色をおびた黒色で，上翅基部や翅端部に赤褐色紋をもつ．頭部は雌雄共に2本の横隆起をもつ(8-9)．前胸背板は眼状点刻を密布する(10)．上翅間室は毛を有する2列の顆粒がある(11)．〔1-4：♂，5-7：♀，8：♂頭部，9：♀頭部，10：前胸背板，11：上翅，12：♂交尾器背面，13：♂交尾器側面〕

雌雄の区別 ♂は頭部後方の横隆起が長く(8)，前胸背板は前方に3〜4個のコブ状突起を横列する(2)．♀は頭楯の顆粒は横シワ状で(9)，前胸背板の前方中央に突出したコブ状突起をもつ(6)．

生態 林内の新鮮なシカ糞から見つかることが多く，牛・人などの糞にも集まる．平地〜山地にかけて幅広く生息し，動きは鈍く，糞などと同化しているように見える．次種と混生する産地は発見されていない．

分布	北海道	東北	東本州	伊・小	西本州	四国	九州	対馬	屋久島	ト・奄	沖縄	八重山
発生	1月	2月	3月	4月	5月	6月	7月	8月	9月	10月	11月	12月
環境	草原	森林	海浜	河川敷	落葉下	その他	標高	高山	高原	平地	島嶼	

31 ★★

40　スズキコエンマコガネ　　　　　　　　　　　　　　　　　　　Scarabaeidae　コガネムシ科
Caccobius suzukii **Matsumura, 1936**

体長　5.5〜7.5 mm　　**特徴**　やや紫銅色光沢をおびた暗褐色で，上翅は不規則な赤褐色紋をもつ．前種に似るが，♂は頭部に横隆起を欠き，♀は2本の横隆起をもつ(8-9)．上翅間室は毛を有する顆粒を散布する(11)．〔1-4：♂，5-7：♀，8：♂頭部，9：♀頭部，10：前胸背板，11：上翅，12：♂交尾器背面，13：♂交尾器側面〕

雌雄の区別　♂は頭部後方に角を1本そなえ(3)，前胸背板は前方中央が窪む(2)．♀は頭楯の顆粒はやや横シワ状で，前方の横隆起は湾曲し，頭頂に直線状の横隆起をもち(9)，前胸背板は前方中央に突出したコブ状突起をもつ(7)．

生態　林内から見つかることが多いが，放牧地などのオープンランドから得られることもある．牛・馬・シカ・人などの糞に集まり，牛糞から見つかる場合は特に糞と同化しているように見える．動きは鈍い．

分布	北海道	東北	東本州	伊・小	西本州	四国	九州	対馬	屋久島	ト・奄	沖縄	八重山
発生	1月	2月	3月	4月	5月	6月	7月	8月	9月	10月	11月	12月
環境	草原	森林	海浜	河川敷	落葉下	その他	標高	高山	高原	平地	島嶼	

32 ★★★

41 チビコエンマコガネ　　　　　　　　　　　　　　　　　　　　　　　　　Scarabaeidae　コガネムシ科
Caccobius unicornis (Fabricius, 1798)

体長　2.6〜3.5 mm　　**特徴**　やや光沢のある黒〜黒褐色で, 体表には微毛をよそおう. 頭部は前縁中央が切れ込み, 点刻を疎らに散布する(8-9). 前胸背板は眼状点刻をやや密布する(10). 上翅条溝はやや幅広く, 間室は鮫肌状で不明瞭な点刻を散布する(11). 〔1-4：♂, 5-7：♀, 8：♂頭部, 9：♀頭部, 10：前胸背板, 11：上翅, 12：♂交尾器背面, 13：♂交尾器側面〕

雌雄の区別　♂は頭部中央に1本の短い角をそなえる(3). ♀は頭部に2本の横隆起をもち, 前方のものは湾曲する(9).

生態　市街地や公園などのオープンランドに生息し, 新鮮な犬糞・人糞を好み, シカ・馬・鶏などの糞にも集まる. 糞直下に潜んでいることが多く, 動きは敏捷. 近年, 琉球地方では沖縄島の平地の公園から発見された.

分布	北海道	東北	東本州	伊・小	西本州	四国	九州	対馬	屋久島	ト・奄	沖縄	八重山

発生	1月	2月	3月	4月	5月	6月	7月	8月	9月	10月	11月	12月

環境	草原	森林	海浜	河川敷	落葉下	その他	標高	高山	高原	平地	島嶼

42 シナノエンマコガネ

Scarabaeidae コガネムシ科

Onthophagus (Onthophagus) bivertex Heyden, 1887

体長 6.4〜10.6 mm **特徴** 光沢の弱い黒色で，上翅は暗褐色．頭部は前縁が丸く，頭楯に点刻を密布する(10-11)．前胸背板は後方に開く眼状点刻を密布する(12)．上翅間室は短毛を有する列状の顆粒を散布する(13)．〔1-4：♂，5-7：♀，8：♂交尾器背面，9：♂交尾器側面，10：♂頭部，11：♀頭部，12：前胸背板，13：上翅，14：前脛節〕

雌雄の区別 ♂は頭部に1対の角をそなえる(1)．♀は頭楯の顆粒は横シワ状で，また2本の横隆起をもつが，前方のものは不明瞭(11)．

生態 放牧地などのオープンランドに生息し，新鮮な牛・シカ・羊・人などの糞に集まる．関東以北からの記録が多いが，産地は激減している．近年，西日本では隠岐諸島の知夫里島で発見された．

43 チャバネエンマコガネ　　　　　　　　　　　　　　　　　　Scarabaeidae　コガネムシ科
***Onthophagus* (*Onthophagus*) *gibbulus* (Pallas, 1781)**

体長　9.0〜13.0 mm　　**特徴**　黒色で，上翅は黄褐色となり不規則な小黒紋を散布する．頭部は前縁が上反する(9-10)．前胸背板は顆粒を一様に散布する(11)．上翅間室はほぼ2列の毛を有する顆粒列をもつ(12)．〔1-4：♂，5-8：♀，9：♂頭部，10：♀頭部，11：前胸背板，12：上翅，13：♂交尾器背面，14：♂交尾器側面（すべて北海道産）〕

雌雄の区別　♂は頭楯が前方に向かって狭まり，板状の角をそなえ(3)，前胸背板は前方中央が窪む(2)．♀は頭部に2本の横隆起をもち(10)，前胸背板は前方中央に突起をもつ(6)．

生態　牛を放牧している海岸草原などのオープンランドに生息し，新鮮な牛糞を好み，犬・キツネ糞，腐肉で得られた例がある．砂地を好み，動きは敏捷．8月に個体数を増す．国内では北海道北部からのみ知られている．

分布	北海道	東北	東本州	伊・小	西本州	四国	九州	対馬	屋久島	ト・奄	沖縄	八重山
発生	1月	2月	3月	4月	5月	6月	7月	8月	9月	10月	11月	12月
環境	草原	森林	海浜	河川敷	落葉下	その他	標高	高山	高原	平地	島嶼	

33　★★★★

44 アラメエンマコガネ Scarabaeidae コガネムシ科
***Onthophagus* (*Onthophagus*) *ocellatopunctatus* Waterhouse, 1875**

体長 3.4〜5.3 mm　**特徴** 光沢の鈍い黒色で，体表には微毛をよそおう．頭部は前縁中央が湾入し，またその両側は角張り，点刻は強い(9-10)．前胸背板は大きな眼状点刻を密布する(11)．上翅条溝は浅く，条溝内の点刻は大きい．また間室は平坦でヤスリ目状の顆粒列をもつ(12)．〔1-4：♂，5-8：♀，9：♂頭部，10：♀頭部，11：前胸背板，12：上翅，13：♂交尾器背面，14：♂交尾器側面〕

雌雄の区別 ♂は頭部後方に板状の角をそなえ(3)，前脛節は長く発達する(4)．♀は頭部頭頂に1本の横隆起をもつ(10)．

生態 海浜の砂地に生息し，新鮮な犬・人・牛などの糞に集まる．動きは敏捷で，見出される際は勢いよく砂地に潜る様子が観察されている．砂と同化しているように見えるため，見失ってしまうことも多い．分布は局所的．

分布	北海道	東北	東本州	伊・小	西本州	四国	九州	対馬	屋久島	ト・奄	沖縄	八重山

発生	1月	2月	3月	4月	5月	6月	7月	8月	9月	10月	11月	12月

環境	草原	森林	海浜	河川敷	落葉下	その他	標高	高山	高原	平地	島嶼

33 ★★★★

45　ウエダエンマコガネ　　　　　　　　　　　　　　　　　　　　Scarabaeidae　コガネムシ科
***Onthophagus (Onthophagus) olsoufieffi* Boucomont, 1924**

体長　5.0〜7.0 mm　　**特徴**　光沢の鈍い黒色．頭部は前縁中央が弱く湾入し，中央の横隆起は湾曲する(9, 11)．前胸背板は眼状点刻で(13)，前縁に4つのコブ状突起を横列する(2, 6)．上翅条溝は明瞭で，間室は毛を有する顆粒列をもつ(14)．〔1-4：♂，5-8：♀，9：♂頭部，10：♂頭部前面，11：♀頭部，12：♀頭部前面，13：前胸背板，14：上翅，15：♂交尾器背面，16：♂交尾器側面（すべて長野県産）〕

雌雄の区別　♂は頭部の角は長く，先端は二股(10)．♀は頭部の角は短く幅広で，先端に3つの突起をもつ(12)．

生態　河川敷などのオープンランドに生息し，犬糞を好み，牛糞トラップでも得られている．糞直下でよく見つかるが，土中に多数潜伏していることもある．分布は局所的で，長野県千曲川や新潟県阿賀野川などが知られている．

分布	北海道	東北	東本州	伊・小	西本州	四国	九州	対馬	屋久島	ト・奄	沖縄	八重山
発生	1月	2月	3月	4月	5月	6月	7月	8月	9月	10月	11月	12月
環境	草原	森林	海浜	河川敷	落葉下	その他	標高	高山	高原	平地	島嶼	

33 ★★★

46 　ネアカエンマコガネ　　　　　　　　　　　　　　　　　　　　　　Scarabaeidae　コガネムシ科
Onthophagus (*Onthophagus*) *shirakii* Nakane, 1960

体長　3.0～5.9 mm　　**特徴**　光沢のある黒色で，上翅は基部に黄褐色，翅端部に赤褐色紋をもつ．頭楯は強く前方に狭まり上反する(9-10)．前胸背板は点刻が小さく，細毛をよそおう(11)．〔1-4：♂, 5-8：♀; 9：♂頭部, 10：♀頭部, 11：前胸背板, 12：上翅, 13：♂交尾器背面, 14：♂交尾器側面（すべて奄美大島産）〕

雌雄の区別　♂は頭楯が強く上反し，板状の長い角をそなえ(3)，前脛節は細長く発達する(4)．♀は頭楯が横シワ状の顆粒が明瞭で，弱く上反し(7)，また弧曲する横隆起をもつ(10)．

生態　林内の獣糞から見つかることが多く，人・犬などの糞に集まり，腐敗動物質やFITでも得られている．早朝に谷筋の林内の下草上で，多数静止している個体が観察された例もある．奄美大島と徳之島からのみ知られている．

47　ミツコブエンマコガネ　原名亜種　　　　　　　　　　　　　　Scarabaeidae　コガネムシ科
***Onthophagus (Onthophagus) trituber trituber* (Wiedemann, 1823)**

体長　5.0〜8.2 mm　**特徴**　光沢のある黒色で，上翅は基部と翅端部に黄褐色紋をもつ．前胸背板は毛を有する点刻を密布し(11)，前縁に3つのコブ状突起を横列する(2, 6)．上翅条溝は浅く，間室に毛を有する点刻列をもつ(12)．〔1-4：♂，5-8：♀，9：♂頭部，10：♀頭部，11：前胸背板，12：上翅，13：♂交尾器背面，14：♂交尾器側面〕
雌雄の区別　♂は頭部に角をそなえ(2-3)，また横隆起を欠く(9)．♀は頭楯の顆粒は横シワ状で(10)，また2本の横隆起をもち，前方のものは弧曲する(10)．
生態　河川の流域などのオープンランドに生息し，犬糞に集まることが多いが，稀に牛糞から見つかることもある．分布は局所的で，兵庫県揖保（いぼ）川や夢前（ゆめさき）川流域からの記録が多い．10月に個体数を増す．

分布	北海道	東北	東本州	伊・小	西本州	四国	九州	対馬	屋久島	ト・奄	沖縄	八重山
					■							

発生	1月	2月	3月	4月	5月	6月	7月	8月	9月	10月	11月	12月
				■	■	■	■	■	■	■		

環境	草原	森林	海浜	河川敷	落葉下	その他	標高	高山	高原	平地	島嶼
				■						■	

34　★★★

48　ヤンバルエンマコガネ　　　　　　　　　　　　　　　　　　　　　　　Scarabaeidae　コガネムシ科
Onthophagus (*Indachorius*) *suginoi* Ochi, 1984

体長　4.5～6.0 mm　　**特徴**　やや光沢のある黒褐色で，頭胸部は銅色をおび，上翅は基部・翅端部に不規則な黄褐色紋をもつ．頭部は頭楯が強く前方に狭まる(8-9)．前胸背板は長毛を有する粗大点刻を散布する(10)．〔1-4：♂，5-7：♀，8：♂頭部，9：♀頭部，10：前胸背板，11：上翅，12：♂交尾器背面，13：♂交尾器側面（すべて沖縄島産）〕

雌雄の区別　♂は頭部に角をそなえ(3)，また中央に不明瞭な横隆起をもち，前胸背板は前縁中央部が窪み(2)，前脛節は細長く発達し，3外歯という．♀は頭楯の顆粒は横シワ状で(9)，前脛節は4外歯(5)．

生態　林内の人糞から得られていることが多く，FITでも捕獲されている．沖縄島北部の山地からの採集例が多く，春季・秋季に個体数を増す．沖縄島と久米島からのみ知られている．

分布	北海道	東北	東本州	伊・小	西本州	四国	九州	対馬	屋久島	ト・奄	沖縄	八重山

発生	1月	2月	3月	4月	5月	6月	7月	8月	9月	10月	11月	12月

環境	草原	森林	海浜	河川敷	落葉下	その他	標高	高山	高原	平地	島嶼

34 ★★★★

49　ヤマトエンマコガネ　　　　　　　　　　　　　　　　　　　　　　　Scarabaeidae　コガネムシ科
Onthophagus (*Strandius*) *japonicus* Harold, 1874

体長　7.0〜11.6 mm　　**特徴**　光沢のある黒色で，上翅は黄褐色となり黒紋をもつが，斑紋変異が大きい．頭部は2本の横隆起をもち，また後方のものは湾曲し，点刻を密布する(10-11)．前胸背板は点刻を疎布する(12)．上翅条溝は浅く，条溝内の点刻は横長で，間室は毛を有する点刻列をもつ(13)．〔1-4：♂，5-7：♀，8-9：斑紋変異（滋賀県産），10：♂頭部，11：♀頭部，12：前胸背板，13：上翅，14：尾節板，15：♂交尾器背面，16：♂交尾器側面〕
雌雄の区別　♂は前胸背板の前方両側に突起状に外側に突出し，♀は鈍いコブ状突起をもつ(5-6)．
生態　下草の少ないオープンランドから見つかることが多く，新鮮なタヌキ・犬・人などの糞を好み，牛・馬・シカなどの糞にも集まる．林縁付近では少なく，オープンランド性が強い．産地は局所的で，10月に個体数を増す．

分布	北海道	東北	東本州	伊・小	西本州	四国	九州	対馬	屋久島	ト・奄	沖縄	八重山
		■	■		■	■						

発生	1月	2月	3月	4月	5月	6月	7月	8月	9月	10月	11月	12月
				■	■	■	■	■	■	■	■	

環境	草原	森林	海浜	河川敷	落葉下	その他	標高	高山	高原	平地	島嶼
	■									■	

34　★★★★

50 カドマルエンマコガネ　　　　　　　　　　　　　　　　　　　　　　　　　Scarabaeidae　コガネムシ科
Onthophagus (***Strandius***) ***lenzii*** Harold, 1874

体長　6.0〜12.8 mm　　**特徴**　やや光沢のある黒色で，稀に上翅の基部や翅端部に黄褐色紋を現す．頭部は頭楯の顆粒は横シワ状で，2本の横隆起は弧曲し，また前方のものは弱い(9-10)．前胸背板は小点刻を密布する(11)．上翅条溝は細く，間室は微小点刻を散布する(12)．〔1-4：♂，5-8：♀，9：♂頭部，10：♀頭部，11：前胸背板，12：上翅，13：♂交尾器背面，14：♂交尾器側面〕

雌雄の区別　♂の前胸背板は陵状に隆起し，側方へ大きく張り出す(1)．♀は頭楯の横シワ状の顆粒が強い(10)．

生態　放牧地などのオープンランドに生息し，新鮮な牛・馬・シカ・羊・犬・人などの糞に集まる．平地から見つかることが多く，動きは敏捷で糞処理能力が高い．灯火に良く飛来する．

分布	北海道	東北	東本州	伊・小	西本州	四国	九州	対馬	屋久島	ト・奄	沖縄	八重山
発生	1月	2月	3月	4月	5月	6月	7月	8月	9月	10月	11月	12月

環境	草原	森林	海浜	河川敷	落葉下	その他	標高	高山	高原	平地	島嶼

34　★

51 オオシマエンマコガネ Scarabaeidae コガネムシ科
Onthophagus* (*Strandius*) *oshimanus Nakane, 1960

体長 6.2〜10.1 mm **特徴** やや光沢のある黒色で，ときに上翅に黄褐色紋を現す(6-7). 前胸背板中央後方に三角形の隆起面をもつ(2). 上翅条溝に光沢があり，間室は小点刻を疎らに散布する(11). 〔1-4：♂，5：♀，6-7：斑紋変異，8：♂頭部，9：♀頭部，10：前胸背板，11：上翅，12：♂交尾器背面，13：♂交尾器側面（すべて奄美大島産）〕

雌雄の区別 ♂頭部の横隆起は前方のものは不明瞭で，後方のものは強く湾曲し(8)，前胸背板は三角形の隆起面が大きく外側に張り出す(1). ♀は頭盾の横シワ状の顆粒が明瞭な個体が多い(9).

生態 林内の新鮮なアマミノクロウサギの糞から見つかることが多く，牛糞・腐敗動物質・FITなどでも得られている. 山地からの採集例が多く，動きは敏捷. 奄美大島と徳之島からのみ知られている.

分布	北海道	東北	東本州	伊・小	西本州	四国	九州	対馬	屋久島	ト・奄	沖縄	八重山
発生	1月	2月	3月	4月	5月	6月	7月	8月	9月	10月	11月	12月
環境	草原	森林	海浜	河川敷	落葉下	その他	標高	高山	高原	平地	島嶼	

35 ★★★

52 ヤクシマエンマコガネ
Onthophagus (*Strandius*) *yakuinsulanus* Nakane, 1984

Scarabaeidae　コガネムシ科

体長　8.0～11.5 mm　　**特徴**　やや光沢のある黒〜黒褐色. 頭部は前縁中央が切れ込み, 頭楯の顆粒は横シワ状で, 2本の湾曲する横隆起をもつ(9-10). 前胸背板は三角形の隆起面をもち(2, 6), 点刻を疎らに散布する(11). 上翅条溝は細く, 間室はシワ状の凹凸をそなえる(12). 後翅は退化する(8). 〔1-4：♂, 5-7：♀, 8：後翅, 9：♂頭部, 10：♀頭部, 11：前胸背板, 12：上翅, 13：♂交尾器背面, 14：♂交尾器側面（すべて屋久島産）〕

雌雄の区別　♂は前胸背板の三角形の隆起面は大きく, また基部は外側に張り出し(1), 前脛節はやや長く発達する(4).

生態　暗い林内を徘徊し, 新鮮な犬・人・牛などの糞トラップで得られることが多く, 羽毛トラップに集まった例もある. 島内での分布は極めて局所的で, 晩夏から個体数を増す. 屋久島特産種.

分布	北海道	東北	東本州	伊・小	西本州	四国	九州	対馬	屋久島	ト・奄	沖縄	八重山
発生	1月	2月	3月	4月	5月	6月	7月	8月	9月	10月	11月	12月
環境	草原	森林	海浜	河川敷	落葉下	その他	標高	高山	高原	平地	島嶼	

35 ★★★★

53 トガリエンマコガネ 日本亜種

Scarabaeidae コガネムシ科

Onthophagus* (*Parascatonomus*) *acuticollis sakishimanus **Nomura, 1976**

体長 5.0〜10.0 mm **特徴** 原名亜種と比べ、頭部・前胸背板は紫銅色を欠き、光沢のある黒色. 頭部は前縁がやや丸く、頭頂の横隆起はやや短い(7). 前胸背板は点刻をやや密布する(5). 〔1-4：♂, 5, 9：前胸背板, 6, 10：上翅, 7：頭部, 8：原名亜種, 11：♂交尾器背面, 12：♂交尾器側面, 13：頭部（1-7, 11-12：石垣島産日本亜種, 8-10, 13：台湾産原名亜種）〕

雌雄の区別 雌雄による頭部・前胸背板の差はなく、♂は腹部の腹節が縮む.

生態 林内の腐敗動物質から見つかることが多く、犬・人などの糞にも集まり、FITでもよく捕獲されている. 平地〜山地にかけて広く生息し、春季・秋季に個体数を増す. 石垣島や西表島から知られている.

分布	北海道	東北	東本州	伊・小	西本州	四国	九州	対馬	屋久島	ト・奄	沖縄	八重山
発生	1月	2月	3月	4月	5月	6月	7月	8月	9月	10月	11月	12月
環境	草原	森林	海浜	河川敷	落葉下	その他	標高	高山	高原	平地	島嶼	

35 ★★

54 ヨナグニエンマコガネ

Scarabaeidae　コガネムシ科

Onthophagus (*Parascatonomus*) *aokii* Nomura, 1976

体長　4.8～8.3 mm　　**特徴**　光沢のある黒色で，紫銅色をおびる．頭部は頭楯が前方にやや狭まり，中央はやや隆まり(3)，頭頂の横隆起は弱く不明瞭(5-6)．前胸背板は小点刻を疎布する(7)．上翅条溝は浅く，間室は点刻をやや密布する(8)．〔1-4：♂，5：♂頭部，6：♀頭部，7：前胸背板，8：上翅，9：後胸腹板，10：♂交尾器背面，11：♂交尾器側面（すべて与那国島産）〕

雌雄の区別　♀は頭楯の顆粒は横シワ状(6)．

生態　林内の腐敗動物質から見つかることが多く，犬・人などの糞にも集まり，FITでも捕獲されている．平地～山地にかけて広く生息している．与那国島特産種．

分布	北海道	東北	東本州	伊・小	西本州	四国	九州	対馬	屋久島	ト・奄	沖縄	八重山
												●

発生	1月	2月	3月	4月	5月	6月	7月	8月	9月	10月	11月	12月
			●	●	●	●	●	●	●	●	●	

環境	草原	森林	海浜	河川敷	落葉下	その他	標高	高山	高原	平地	島嶼
		●									●

35　★★★

55 オキナワエンマコガネ   Scarabaeidae コガネムシ科
***Onthophagus (Parascatonomus) itoi* Nomura, 1976**

体長 5.5〜10.5 mm **特徴** やや光沢のある黒色．頭部は2本の横隆起をもち，前方のものは弱く，頭頂のものは明瞭で3つのコブ状(8-9)．前胸背板は中央が2つのコブ状に突出し，突起の前方で大きく窪み(2, 6)，点刻はシワ状(10)．上翅間室は弱い点刻を疎布する(11)．〔1-4：♂，5-7：♀，8：♂頭部，9：♀頭部，10：前胸背板，11：上翅，12：♂交尾器背面，13：♂交尾器側面（すべて沖縄島産）〕

雌雄の区別 ♂は前胸背板中央の突起が大きく，その前方は大きく窪む(2, 6)．

生態 林内の腐敗動物質から見つかることが多く，犬・人などの糞にも集まり，FITでもよく捕獲されている．沖縄島では中部〜北部の山地からの記録が多い．沖縄島と久米島からのみ知られている．

56　オオツヤエンマコガネ　　　　　　　　　　　　　　　　　　　　　　　　Scarabaeidae　コガネムシ科
Onthophagus (*Parascatonomus*) *miyakei* Ochi et Araya, 1992

体長　9.0～13.0 mm　**特徴**　光沢の強い黒色．頭部は前縁中央が深く切れ込み，その中央から長い歯状の突起が突出し(5)，中央と頭頂に横隆起をもつ(6)．前胸背板は中央両側に円形の窪みをもち(2-3)，ほぼ無点刻(7)．上翅間室は平滑で，微小点刻を散布する(8)．〔1-4：♂，5：頭部，6：頭部側面，7：前胸背板，8：上翅，9：♂交尾器背面，10：♂交尾器側面（すべて石垣島産）〕

雌雄の区別　雌雄による頭部・前胸背板の差はなく，♂は腹部の腹節が縮む．
生態　林内の腐敗動物質から見つかることが多く，日没後短時間灯火にも飛来し，FITでも捕獲されている．秋季に林道を徘徊するものや，側溝に入り込んでいる個体も多く観察されている．国内では石垣島と西表島のみ知られている．

分布	北海道	東北	東本州	伊・小	西本州	四国	九州	対馬	屋久島	ト・奄	沖縄	八重山
発生	1月	2月	3月	4月	5月	6月	7月	8月	9月	10月	11月	12月
環境	草原	森林	海浜	河川敷	落葉下	その他	標高	高山	高原	平地	島嶼	

36　★★★★

57-1　ムラサキエンマコガネ　原名亜種　　　　　　　　　　　　　Scarabaeidae　コガネムシ科
***Onthophagus (Parascatonomus) murasakianus murasakianus* Nomura, 1976**

体長　4.0〜7.1 mm　　**特徴**　紫銅〜緑銅色をおびた黒色で，前胸背板は紫銅色が強い．頭楯に横シワ状の顆粒を密布し，頭頂に明瞭な横隆起をもつ(5-6)．前胸背板は円形の小点刻を疎布し(7)，側縁に不明瞭な毛をよそおう．〔1-4：♂，5：♂頭部，6：♀頭部，7：前胸背板，8：上翅，9：♂交尾器背面，10：♂交尾器側面（すべて石垣島産）〕

雌雄の区別　♂は頭部中央前方の横隆起を欠く．♀は頭楯の横シワ状の顆粒は強く，また中央前方に鈍い横隆起をもち(6)，前胸背板の点刻は大きくやや密．

生態　林内の腐敗動物質から見つかることが多く，人・犬などの糞にも集まり，FITでも捕獲されている．平地〜山地にかけて広く生息する．5〜6月にかけて個体数を増し，冬季は激減する．石垣島・西表島などから知られている．

57-2　ムラサキエンマコガネ　奄美・沖縄亜種　　　　　　　　　　　Scarabaeidae　コガネムシ科
***Onthophagus (Parascatonomus) murasakianus carnarius* Nomura, 1976**

体長　4.5〜6.5 mm　　**特徴**　弱い緑銅〜紫銅色をおびた黒色．原名亜種と比べ，前胸背板は点刻が強くやや密(7)．上翅は間室の点刻はやや大きい(8)．〔1-4：♂，5：♂頭部，6：♀頭部，7：前胸背板，8：上翅，9：♂交尾器背面，10：♂交尾器側面（すべて奄美大島産）〕

雌雄の区別　♂は頭部中央前方の横隆起を欠く．♀は頭楯の横シワ状の顆粒は強く(6)，また中央前方の横隆起は痕跡的で，前胸背板の点刻は大きくやや密．

生態　林内の腐敗動物質から見つかることが多く，人・犬などの糞にも集まり，FITでもよく捕獲されている．平地〜山地にかけて広く生息し，トカラ列島・奄美大島・沖縄諸島・慶良間諸島・久米島・渡名喜島などから知られている．

分布	北海道	東北	東本州	伊・小	西本州	四国	九州	対馬	屋久島	ト・奄	沖縄	八重山
										●	●	

発生	1月	2月	3月	4月	5月	6月	7月	8月	9月	10月	11月	12月
				●	●	●	●	●	●	●	●	

環境	草原	森林	海浜	河川敷	落葉下	その他	標高	高山	高原	平地	島嶼
		●									●

36　★★

57-3　ムラサキエンマコガネ　宮古島亜種　　　　　　　　　　　　　　　　Scarabaeidae　コガネムシ科
Onthophagus (Parascatonomus) murasakianus miyakoinsularis Ochi, Y. Miyake et Kusui, 1999

体長　4.9～7.3 mm　　**特徴**　光沢のある黒色で金属光沢を欠く．原名亜種・前亜種と比べ，頭部は雌雄によって頭楯の横シワ状の顆粒の強さに差があまりなく(5-6)，♀は頭部の中央前方の横隆起は消失する(6)．前胸背板は点刻が強く粗大(7)．上翅間室の点刻も粗大(8)．〔1-4：♂，5：♂頭部，6：♀頭部，7：前胸背板，8：上翅，9：♂交尾器背面，10：♂交尾器側面（すべて宮古島産paratype）〕

雌雄の区別　雌雄による頭部・前胸背板の差はあまりなく，♂は腹部の腹節が縮む．

生態　林内の腐敗動物質からみつかることが多く，人糞からも得られている．島内の林に生息し，オープンランドでは得にくい．宮古島特産亜種．

58　ツヤエンマコガネ　　　　　　　　　　　　　　　　　　　　　　Scarabaeidae　コガネムシ科
***Onthophagus* (*Parascatonomus*) *nitidus* Waterhouse, 1875**

体長　5.0〜8.2 mm　　**特徴**　光沢の強い黒色．前種に似るが，頭部は頭楯に横シワ状の顆粒をもち，中央前方の横隆起を欠き，頭頂の横隆起は弱い(5)．前胸背板は円形の小点刻を疎布する(7)．上翅間室は不明瞭な毛を有する微小点刻をやや密布する(8)．〔1-4：♂，5：♂頭部，6：♂頭部側面，7：前胸背板，8：上翅，9：♂交尾器背面，10：♂交尾器側面〕

雌雄の区別　雌雄による頭部・前胸背板の差はなく，♂は腹部の腹節が縮む．

生態　林内の腐敗動物質から見つかることが多く，犬・人などの糞にも集まり，FIT・PTでもよく捕獲されている．側溝に落ち込んでいるミミズなどの小動物を狙って集まっていることも多い．

分布	北海道	東北	東本州	伊・小	西本州	四国	九州	対馬	屋久島	ト・奄	沖縄	八重山
					西本州	四国	九州	対馬	屋久島			

発生	1月	2月	3月	4月	5月	6月	7月	8月	9月	10月	11月	12月
					5月	6月	7月	8月	9月	10月		

環境	草原	森林	海浜	河川敷	落葉下	その他	標高	高山	高原	平地	島嶼
		森林							高原	平地	島嶼

36　★★

59 アマミエンマコガネ　　　　　　　　　　　　　　　　Scarabaeidae　コガネムシ科
***Onthophagus (Parascatonomus) shibatai* Nakane, 1960**

体長　7.0〜11.0 mm　**特徴**　やや光沢のある黒色. 頭部は2本の横隆起をもち, 中央のものは弱く, 頭頂のものは明瞭で3波曲する(8-9). 前胸背板は中央がコブ状に突出し, 突起の前方に1対の大きな窪みをもつ(2, 6). 上翅間室は点刻は粗い(11). 〔1-4：♂, 5-7：♀, 8：♂頭部, 9：♀頭部, 10：前胸背板, 11：上翅, 12：♂交尾器背面, 13：♂交尾器側面（すべて奄美大島産）〕

雌雄の区別　♂は前胸背板中央の突起が大きく, その前方は大きく窪む(2, 6).

生態　林内の腐敗動物質から見つかることが多く, 犬・人などの糞にも集まり, FITでもよく捕獲されている. 平地〜山地にかけて広く生息し, 奄美大島と徳之島からのみ知られている.

60 ミツノエンマコガネ　　　　　　　　　　　　　　　　　　　Scarabaeidae　コガネムシ科
Onthophagus (*Parascatonomus*) *tricornis* (Wiedemann, 1823)

体長　11.4〜19.9 mm　**特徴**　光沢の弱い黒色．頭部は前縁中央が舌状に突出し(5)，頭楯はシワ状の顆粒を密布し，中央はコブ状の隆起をもち(2-3)，頭頂に雌雄とも1対の角をそなえる(6-7)．前胸背板は粗大顆粒を密布し(8)，前方中央に大きなコブ状の突起をもつ(6)．上翅間室は鮫肌状で，光沢は鈍い(9)．〔1-4：♂，5：頭部，6：頭部側面，7：角，8：前胸背板，9：上翅，10：♂腹節，11：♀腹節，12：♂交尾器背面，13：♂交尾器側面〕

雌雄の区別　♂は腹部の腹節が縮む(10)．

生態　沿岸地域や河川敷などのオープンランドに生息し，腐敗動物質によく集まり，灯火にもよく飛来する．分布は局所的で，愛知・三重県では河川流域に沿って分布拡大し，内陸に進入してきている．静岡県にも東進し始めている．

61 アカマダラエンマコガネ Scarabaeidae コガネムシ科
***Onthophagus (Matashia) lutosopistus* Fairmaire, 1897**

体長 6.3〜9.0 mm **特徴** 光沢のない黒褐色でわずかに紫銅色をおび,上翅に黄褐色紋をもつ.頭部は八角形で,中央と後方に横隆起をもつ(9-10).前胸背板は毛を有する眼状点刻を密布する(11).〔1-4:♂, 5-8:♀, 9:♂頭部, 10:♀頭部, 11:前胸背板, 12:上翅, 13:♂交尾器背面, 14:♂交尾器側面(すべて石垣島産)〕

雌雄の区別 ♂は頭部中央の横隆起が短く(9),大型個体の前脛節は細長く発達する(1).♀は頭楯の顆粒が横シワ状で,中央の横隆起は長い(10).

生態 主に砂地の海岸林に生息し,腐敗動物質や牛・人などの糞に集まる.砂と同化しているように見え,動きは敏捷.多良間島・石垣島・黒島・竹富島・由布島などから知られている.

分布	北海道	東北	東本州	伊・小	西本州	四国	九州	対馬	屋久島	ト・奄	沖縄	八重山
												■

発生	1月	2月	3月	4月	5月	6月	7月	8月	9月	10月	11月	12月
	■	■	■	■	■	■		■	■	■	■	■

環境	草原	森林	海浜	河川敷	落葉下	その他	標高	高山	高原	平地	島嶼
		■	■								■

37 ★★★

62　ナガスネエンマコガネ　　　　　　　　　　　　　　　　　　　　　　　　　　Scarabaeidae　コガネムシ科
Onthophagus* (*Matashia*) *ohbayashii Nomura, 1939

体長　5.0～8.5 mm　　**特徴**　光沢の鈍い黒色で，触角第1節は鋸歯状(13)．上翅肩部に赤褐色紋を現すこともある(8)．頭部は八角形で2本の横隆起をもつ(9-10)．前胸背板は大きな眼状点刻を密布し毛を欠く(11)．上翅間室は毛を有する微小の顆粒列をもつ(12)．〔1-4：♂，5-7：♀，8：斑紋変異（奈良県産），9：♂頭部，10：♀頭部，11：前胸背板，12：上翅，13：触角第一節，14：♂交尾器背面，15：♂交尾器側面〕
雌雄の区別　♂は♀に比べ頭部中央の横隆起は短く(9)，前脛節は細長く発達する(1)．♀は頭楯の顆粒が横シワ状(10)．
生態　日当たりの良い林内や放牧地・河川敷などのオープンランドから見つかることが多く，腐敗動物質を好み，新鮮なシカ・牛・犬・人などの糞にも集まる．分布は局所的で，奈良県春日山や渡良瀬遊水地などが産地として有名．

63 トビイロエンマコガネ　　　　　　　　　　　　　　　　　　　　　　　Scarabaeidae　コガネムシ科
***Onthophagus (Paraphanaeomorphus) argyropygus* Gillet, 1927**

体長　4.1〜6.2 mm　**特徴**　光沢のある銅緑〜青緑色で，上翅は黄褐色で黒紋をもつ．頭部は中央に横隆起をもつ(9, 10)．前胸背板は長毛を有する点刻を密布(11)．尾節板は毛を一面にそなえる(13, 14)．〔1-4：♂, 5-8：♀, 9：♂頭部, 10：♀頭部, 11：前胸背板, 12：上翅, 13：♂, 14：尾節板, 15：♂交尾器背面, 16：♂交尾器側面（すべて与那国島産）〕
雌雄の区別　♂は頭部中央の横隆起が短く，角をそなえ(3)，前胸背板両側に翼状の突起をもつ(2)．♀は頭楯の顆粒が横シワ状で，頭頂に小突起をもち(7)，前胸背板の前方に3つのコブ状突起をもつ(6)．
生態　オープンランドや下草のまばらな明るい林内から見つかることが多く，人・犬などの糞に集まり，腐敗動物質にも稀に集まる．4〜5月にかけての晴天の日に多数得られた採集例がある．国内では与那国島からのみ知られている．

64　ウシヅノエンマコガネ　　　　　　　　　　　　　　　　　　　Scarabaeidae　コガネムシ科
***Onthophagus* (*Gibbonthophagus*) *amamiensis* Nomura, 1965**

体長　5.2〜8.2 mm　　**特徴**　やや光沢のある黒〜黒褐色で，ときに頭胸部に銅色をおびる．頭楯は前方に狭まる(8-9)．前胸背板は毛を有する点刻を疎らに散布する(10)．上翅間室は毛を有する点刻を疎らに散布する(11)．〔1-4：♂，5-7：♀，8：♂頭部，9：♀頭部，10：前胸背板，11：上翅，12：♂交尾器背面，13：♂交尾器側面（すべて奄美大島産）〕

雌雄の区別　♂は頭部前縁が強く上反し，1対の牛角をそなえる(1)．また，前胸背板は前方中央が窪み，その両側に1対のコブ状突起をもつ(2)．♀は頭楯の顆粒は横シワ状で(9)，前胸背板は一様に膨隆し点刻は強い(7)．

生態　林内の牛・犬・人などの糞から見つかることが多く，放牧地にも生息する．FITでも捕獲されている．平地〜山地にかけて広く生息し，動きは敏捷．奄美大島や沖縄島などから知られているが，沖縄島産は角の発達する個体は稀．

65 ヤエヤマコブマルエンマコガネ　　　　　　　　　　　　　　　　Scarabaeidae　コガネムシ科
***Onthophagus* (*Gibbonthophagus*) *apicetinctus* D'Orbigny, 1898**

体長　5.2〜8.8 mm　　**特徴**　光沢の強い黒〜黒褐色で，頭胸部は強い紫銅色をおびる．頭部は2本の横隆起をもつ(8-9)．上翅条溝は浅く，間室はシワ状で微毛を有する顆粒を散布(12)．〔1-4：♂，5-7：♀，8：♂頭部，9：♀頭部，10：♂前胸背板突起，11：♀前胸背板コブ状突起，12：上翅，13：♂交尾器背面，14：♂交尾器側面（すべて石垣島産）〕

雌雄の区別　♂は頭部前縁が強く上反し(8)，前胸背板に1対の突起をもつ(10)．♀は頭楯の顆粒は横シワ状で(9)，前胸背板に1対のコブ状隆起をもつ(11)．

生態　林内の腐敗動物質から見つかることが多く，犬・人などの糞に集まり，FITでも捕獲されている．平地〜山地にかけて広く生息し，爬虫類の死体などに多数集まっている様子が観察されている．石垣島と西表島などから知られている．

分布	北海道	東北	東本州	伊・小	西本州	四国	九州	対馬	屋久島	ト・奄	沖縄	八重山
発生	1月	2月	3月	4月	5月	6月	7月	8月	9月	10月	11月	12月

環境	草原	森林	海浜	河川敷	落葉下	その他	標高	高山	高原	平地	島嶼

38 ★

66　コブマルエンマコガネ　　　　　　　　　　　　　　　　　　　　　　　　Scarabaeidae　コガネムシ科
Onthophagus (***Gibbonthophagus***) ***atripennis*** Waterhouse, 1875

体長　5.0〜10.1 mm　**特徴**　やや光沢のある黒〜黒褐色で，頭胸部は紫銅色をおびる．頭部は2本の横隆起をもつ(8-9)．上翅間室はシワ状にならず，光沢を欠き，毛を有する微小点刻列をもつ(11)．〔1-4：♂，5-7：♀，8：♂頭部，9：♀頭部，10：前胸背板，11：上翅，12：♂交尾器背面，13：♂交尾器側面〕

雌雄の区別　♂は頭部前縁が強く上反し，中央の横隆起は短く(8)，前胸背板中央前方に縦長の窪みがあり，その両側は隆起する(2)．♀は頭楯の顆粒は横シワ状で(9)，前胸背板の中央前方に2つの鈍いコブ状突起をもつ(6)．

生態　林内〜オープンランドにかけて幅広く生息し，犬・人・牛・馬・タヌキ・クマ・テンなどの糞に集まり，腐敗動植物質・PTなどでもよく得られている．平地〜低山地にかけての採集例が多く，市街地でも多く見つかる．

分布	北海道	東北	東本州	伊・小	西本州	四国	九州	対馬	屋久島	ト・奄	沖縄	八重山
発生	1月	2月	3月	4月	5月	6月	7月	8月	9月	10月	11月	12月
環境	草原	森林	海浜	河川敷	落葉下	その他	標高	高山	高原	平地	島嶼	

38 ★

67 マルエンマコガネ

Scarabaeidae　コガネムシ科

Onthophagus* (*Gibbonthophagus*) *viduus Harold, 1874

体長　5.0〜9.8 mm　**特徴**　やや光沢のある黒〜黒褐色で，上翅の基部・翅端部に赤褐色紋を現す個体群もある．頭部は2〜3本の横隆起をもつ(8-9)．上翅間室はややシワ状(11)．〔1-4：♂，5-6：♀，7：♂（神奈川県産），8：♂頭部，9：♀頭部，10：前胸背板，11：上翅，12：♂交尾器背面，13：♂交尾器側面（7以外は石垣島産）〕

雌雄の区別　♂は頭部前縁が強く上反し，2本の横隆起をもち(8)，前胸背板は中央に2つのコブ状突起をもち，またその前方中央に丸い大きな窪みをもつ(2)．♀は頭楯の顆粒は横シワ状で，頭部横隆起は3本(9)．

生態　河川敷や放牧地などのオープンランドから見つかることが多く，新鮮な牛糞を好み，犬・人・水牛などの糞にも集まり，腐敗動物質でも得られている．琉球地方には広く分布しているが，その他の地方では激減している．

分布	北海道	東北	東本州	伊・小	西本州	四国	九州	対馬	屋久島	ト・奄	沖縄	八重山
発生	1月	2月	3月	4月	5月	6月	7月	8月	9月	10月	11月	12月
環境	草原	森林	海浜	河川敷	落葉下	その他	標高	高山	高原	平地	島嶼	

38　★★

68 クロマルエンマコガネ Scarabaeidae コガネムシ科
***Onthophagus* (*Phanaeomorphus*) *ater* Waterhouse, 1875**

体長 6.1〜10.2 mm **特徴** 光沢の鈍い黒色．頭部は頭楯の顆粒は横シワ状で，強い点刻を密布する(9-10)．前胸背板は強い点刻を密布し(11-12)，前角付近も同様(13)．上翅間室はシワ状で凹凸し，点刻は強い(14)．〔1-4：♂，5-8：♀，9：♂頭部，10：♀頭部，11-13：前胸背板，14：上翅，15：♂交尾器背面，16：♂交尾器側面〕

雌雄の区別 ♂は頭部頭頂に不明瞭な横隆起をもち(9)，前胸背板前方に逆V字状の隆起面をもつ(2)．♀は頭楯の横シワ状の顆粒が強く，前方の横隆起は湾曲し，後方の横隆起は2波曲する(10)．

生態 林内〜オープンランドにかけて幅広く生息し，新鮮な犬・人・牛・馬・シカ・サル・羊・クマ・タヌキ・キツネなどの様々な糞に集まる．また，腐敗動植物質・樹液・PTでも得られ，灯火に飛来する．

分布	北海道	東北	東本州	伊・小	西本州	四国	九州	対馬	屋久島	ト・奄	沖縄	八重山

発生	1月	2月	3月	4月	5月	6月	7月	8月	9月	10月	11月	12月

環境	草原	森林	海浜	河川敷	落葉下	その他	標高	高山	高原	平地	島嶼

69　フトカドエンマコガネ

Scarabaeidae　コガネムシ科

Onthophagus (Phanaeomorphus) fodiens Waterhouse, 1875

体長　7.0〜11.3 mm　**特徴**　光沢の鈍い黒色．前種と似るが，前胸背板は前角の点刻は浅く疎で(13)，♂の逆V字状の隆起面先端部は幅が太い(2)．上翅間室は平滑で，毛を有する微小点刻を散布する(14)．〔1-4：♂，5-8：♀，9：♂頭部，10：♀頭部，11-13：前胸背板，14：上翅，15：♂交尾器背面，16：♂交尾器側面〕

雌雄の区別　♂は頭部の横隆起は不明瞭で(9)，前胸背板前方に逆V字状の隆起面をもつ(2)．♀は頭楯の顆粒は横シワ状で，前方と頭頂に2本の湾曲する横隆起をもつ(10)．

生態　林内〜オープンランドにかけて幅広く生息し，新鮮な犬・人・牛・馬・シカ・山羊・タヌキなどの糞に集まり，腐敗動植物質でも得られる．灯火に飛来する．平地〜低山地にかけての採集例が多く，中部地方以西の記録が多い．

70　ガゼラエンマコガネ　　　　　　　　　　　　　　　　　　　　　　　Scarabaeidae　コガネムシ科
Digitonthophagus gazella (Fabricius, 1787)

体長　9.0〜13.0 mm　　**特徴**　大型で全体が黄褐〜黒褐色．頭部〜前胸背板は弱い金属光沢を有する赤褐色で，点刻はまばら．上翅は淡い褐色だが，古い個体では全体的に黒褐色を呈する．♂前脛節は長く湾曲する．日本産では他に似た種はない．〔1-4：♂，5-8：♀，9：♂頭部，10：♀頭部，11：背面，12：♂腹部，13：♀腹部，14：♂交尾器背面，15：♂交尾器側面（すべて伊平屋島産）〕

雌雄の区別　♂は前脛節が細長く，頭部に短い2本の角をそなえ，腹節は縮む(12)．

生態　アフリカ原産で糞処理を目的に農業試験場で導入し，沖縄県の伊平屋島で放虫した個体が定着している．牧場の牛糞の他，人糞にも集まる．糞処理能力が高く各国で導入されたため，現在では世界的に広く分布する．

分布	北海道	東北	東本州	伊・小	西本州	四国	九州	対馬	屋久島	ト・奄	沖縄	八重山
発生	1月	2月	3月	4月	5月	6月	7月	8月	9月	10月	11月	12月

環境	草原	森林	海浜	河川敷	落葉下	その他	標高	高山	高原	平地	島嶼

41 ★★★

71 ニセオオマグソコガネ

Scarabaeidae コガネムシ科

***Aphodius* (*Colobopterus*) *propraetor* Balthasar, 1932**

■ **体長** 8.0〜12.5 mm　■ **特徴** 光沢のある黒色で上翅は黒褐〜赤褐色．上翅間室の点刻はほとんどなく，間室側縁部は縁どられず，第1間室基部付近の隆起も弱い(10)．〔1-4：♂，5：赤褐色個体，6：♂前脛節，7：♀前脛節，8：前胸背板，9-10：上翅，11：側縁部，12：♂頭部，13：♂交尾器背面，14：♂交尾器側面（すべて対馬産）〕

■ **雌雄の区別**　♂は頭部会合線上に中央が大きい3つのコブ状突起をもち(12)，前脛節端棘は幅広く先端は裁断状(6)．♀は頭部に鈍い横隆起をもち，前脛節端棘は細く先端は外側に曲がる(7)．

■ **生態**　放牧地などのオープンランドから見つかることが多く，新鮮な牛糞を好み，馬・人などの糞にも集まる．中国・四国・九州地方では次種と混生する産地があり，5〜6月にかけて個体数を増す．

分布	北海道	東北	東本州	伊・小	西本州	四国	九州	対馬	屋久島	ト・奄	沖縄	八重山
					■	■	■	■				

発生	1月	2月	3月	4月	5月	6月	7月	8月	9月	10月	11月	12月
				■	■	■	■					

環境	草原	森林	海浜	河川敷	落葉下	その他	標高	高山	高原	平地	島嶼
	■								■	■	

41　★★

72　オオマグソコガネ　　　　　　　　　　　　　　　　　　　　　　　　Scarabaeidae　コガネムシ科
***Aphodius* (*Colobopterus*) *quadratus* Reiche, 1847**

体長　8.2〜12.5 mm　　**特徴**　光沢のある黒色で上翅は黒褐〜黄褐色．前種に似るが，上翅は間室に点刻を散布し，間室側縁部は縁どられ，第1間室基部付近で隆起する(10)．〔1-4：♂，5：黒褐色個体，6：♂前脛節，7：♀前脛節，8：前胸背板，9-10：上翅，11：側縁部，12：♂頭部，13：♂交尾器背面，14：♂交尾器側面〕

雌雄の区別　♂は頭部会合線上に中央が大きい3つのコブ状突起をもち(12)，前脛節端棘は幅広く先端は裁断状(6)．♀は頭部に鈍い横隆起をもち，前脛節端棘は細く先端は外側に曲がる(7)．

生態　放牧地などのオープンランドから見つかることが多く，林内からもしばしば得られ，新鮮な牛・シカ・馬・サル・羊，タヌキ・人などの糞にも集まる．平地〜標高2500m付近まで生息し，5〜6月にかけて個体数を増す．

分布	北海道	東北	東本州	伊・小	西本州	四国	九州	対馬	屋久島	ト・奄	沖縄	八重山
発生	1月	2月	3月	4月	5月	6月	7月	8月	9月	10月	11月	12月
環境	草原	森林	海浜	河川敷	落葉下	その他	標高	高山	高原	平地	島嶼	

73　セマルオオマグソコガネ　　　　　　　　　　　　　　　Scarabaeidae　コガネムシ科
Aphodius (*Teuchestes*) *brachysomus* Solsky, 1874

体長　7.5〜11.0 mm　**特徴**　光沢のある黒色で，ときに上翅基部両側・翅端部に黄色紋を現す．背部は強く膨隆する(3)．頭部は会合線上に3つのコブ状突起をもち(2)，頬はやや突出する(5)．前胸背板基部は縁どられる(2)．小楯板は大きく縦長で，中央部は浅く窪む(9)．〔1-4：♂，5：頭部，6：♂前脛節，7：♀前脛節，8：♂前胸背板，9-10：上翅，11：♀前胸背板，12：側縁部，13：♂交尾器背面，14：♂交尾器側面〕

雌雄の区別　♂の前胸背板は前方中央が窪み，中央は点刻をほとんど欠く(8)．前脛節端棘は幅広く，先端は裁断状(6)．

生態　放牧地などのオープンランドに生息し，新鮮な牛・馬などの糞に集まる．広域分布種であったが，現在では激減し，九州地方を除き産地は極めて少なくなってきている．春季に個体数を増す．

74 ツマベニマグソコガネ Scarabaeidae コガネムシ科
Aphodius (Otophorus) haemorrhoidalis (Linnaeus, 1758)

体長 4.0〜5.2 mm　**特徴** 光沢のある黒色で，上翅は肩部や翅端部に赤褐色紋をもち，ときに外縁も赤褐色となる．背部はやや強く膨隆する(3)．頭部は会合線上に3つのコブ状突起をもち(1)，頬はあまり突出せず丸みをおびる(9)．前胸背板は大小の点刻を密布する(5)．小楯板は大きく(1)，平たいか中央が窪み，点刻は強く明瞭(6)．〔1-4：♂，5：前胸背板，6-7：上翅，8：側縁部，9：頭部，10：♂交尾器背面，11：♂交尾器側面（すべて北海道産）〕

雌雄の区別 ♂は頭部会合線上に3つのコブ状突起をもち(9)，♀では弱くなる．

生態 放牧地などのオープンランドに生息し，新鮮な牛糞を好み，エゾシカの糞にも集まる．本州では青森県のみに生息し，発生のピークは北上するにつれ夏季に近づく．

分布	北海道	東北	東本州	伊・小	西本州	四国	九州	対馬	屋久島	ト・奄	沖縄	八重山
発生	1月	2月	3月	4月	5月	6月	7月	8月	9月	10月	11月	12月
環境	草原	森林	海浜	河川敷	落葉下	その他	標高	高山	高原	平地	島嶼	

42 ★★★★

75 マルツヤマグソコガネ　　　　　　　　　　　　　　　　　　　　　　　　Scarabaeidae　コガネムシ科
***Aphodius* (*Sinodiapterna*) *troitzkyi* Jacobson, [1898]**

体長　4.0〜5.7 mm　　**特徴**　光沢の強い黒色で，背部は強く膨隆する(3)．頭部前縁は湾入し，その両側は上反する(1)．頭楯と会合線上に横隆起をもつ(2)．前胸背板は大小の点刻を疎布する(8)．小楯板は大きく縦長で，小点刻を散布し(9)，上翅長の約1/3(1)，間室は小点刻を散布する(10)．前脛節は先端が直角(6-7)．〔1-4：♂，5：頭部，6：♂前脛節，7：♀前脛節，8：前胸背板，9-10：上翅，11：側縁部，12：♂交尾器背面，♂交尾器側面〕

雌雄の区別　♂前脛節端棘は幅広く，内側に曲がり(6)，♀では細く先端は外側に曲がる(7)．

生態　林内から見つかることが多いが，放牧地などのオープンランドからもしばしば得られている．シカ糞を好み，牛・人などの糞にも集まる．山地からの記録が多く，広域分布種であるが産地は比較的局所的．春季に個体数を増す．

分布	北海道	東北	東本州	伊・小	西本州	四国	九州	対馬	屋久島	ト・奄	沖縄	八重山
	北海道	東北	東本州		西本州	四国	九州					

発生	1月	2月	3月	4月	5月	6月	7月	8月	9月	10月	11月	12月
				4月	5月	6月	7月	8月	9月	10月		

環境	草原	森林	海浜	河川敷	落葉下	その他	標高	高山	高原	平地	島嶼
		森林							高原	平地	

42　★★★★

76 コスジマグソコガネ Scarabaeidae コガネムシ科
Aphodius (Pleuraphodius) lewisii Waterhouse, 1875

体長 2.9〜4.0 mm **特徴** やや光沢の鈍い赤褐〜褐色．頭部は前縁がわずかに湾入し，頭楯は中央がやや隆まり(2)，会合線上にコブ状突起はなく(8)，複眼は大きい(4)．前胸背板は大小の点刻をやや密布する(5)．上翅条溝は細く，低い隆条で縁どられ，間室の中央に稜状の隆起をもつ(6)．〔1-4：♂，5：前胸背板，6：上翅，7：側縁部，8：頭部，9：♂交尾器背面，10：♂交尾器側面〕

雌雄の区別 前脛節端棘による雌雄差はなく，交尾器で区別．

生態 放牧地などのオープンランドから見つかることが多く，新鮮な牛・シカなどの糞を好み，犬・アマミノクロウサギなどの糞にも集まる．糞直下の土中に潜んでいることも多く，灯火によく飛来する．

分布	北海道	東北	東本州	伊・小	西本州	四国	九州	対馬	屋久島	ト・奄	沖縄	八重山
発生	1月	2月	3月	4月	5月	6月	7月	8月	9月	10月	11月	12月
環境	草原	森林	海浜	河川敷	落葉下	その他	標高	高山	高原	平地	島嶼	

43 ★★★★

77 クチキマグソコガネ 原名亜種

Aphodius (Stenotothorax) hibernalis hibernalis (Nakane et Tsukamoto, 1956)

Scarabaeidae コガネムシ科

体長 6.1〜9.2 mm **特徴** 光沢のある黒褐色．頭部は前縁中央が強く湾入し，その両側は1対の突起をもち(5)，頬はよく突出し，強い点刻を密布する(5)．前胸背板は大小の点刻をやや密布し(8)，後方へ狭まる(11)．上翅条溝は細く(9)，間室は小点刻を散布する(10)．肩歯をもつ(11)．前脛節の外歯は短く，第1〜2歯の外角は広い(6-7)．〔1-4：♂，5：頭部，6：♂前脛節，7：♀前脛節，8：前胸背板，9-10：上翅，11：側縁部，12：♂交尾器背面，13：♂交尾器側面〕

雌雄の区別 ♂前脛節端棘は先端が内側に曲がり(6)，♀では直線状(7)．

生態 広葉樹や針葉樹のウロに生息し，春・秋季に林内へ飛び出すことが多く，サル・キツネ・シカ・犬・人などの糞に集まる．古い糞にも集まり，糞直下の土中に潜伏していることが多い．初冬に個体数を増す．

分布	北海道	東北	東本州	伊・小	西本州	四国	九州	対馬	屋久島	ト・奄	沖縄	八重山
発生	1月	2月	3月	4月	5月	6月	7月	8月	9月	10月	11月	12月
環境	草原	森林	海浜	河川敷	落葉下	その他	標高	高山	高原	平地	島嶼	

43 ★★★★

78 ウスチャマグソコガネ

Scarabaeidae コガネムシ科

Aphodius (Pharaphodius) marginellus (Fabricius, 1781)

体長 4.5〜8.0 mm **特徴** 光沢の弱い淡褐色で，濃褐色部をもつ(1)．頭部は中央がわずかに隆まり，会合線中央は隆起しない．前胸背板は大小の点刻を散布する(8)．上翅条溝は細く，条溝内の点刻は間室にはみ出さず(9)，間室は膨隆し，微細印刻に覆われ，小点刻を散布する(10)．〔1-4：♂，5：頭部，6：♂前脛節，7：♀前脛節，8：前胸背板，9-10：上翅，11：側縁部，12：翅端部，13：♂交尾器背面，14：♂交尾器側面（すべて西表島産）〕

雌雄の区別 ♂前脛節端棘は幅広く，内側に曲がり(6)，♀では細く先端は外側に曲がる(7)．

生態 放牧地などのオープンランドに生息し，新鮮な牛・水牛などの糞に集まる．糞内部や直下から見つかることが多く，動きは敏捷．灯火によく飛来する．琉球地方に広く分布している．

分布	北海道	東北	東本州	伊・小	西本州	四国	九州	対馬	屋久島	ト・奄	沖縄	八重山
発生	1月	2月	3月	4月	5月	6月	7月	8月	9月	10月	11月	12月
環境	草原	森林	海浜	河川敷	落葉下	その他	標高	高山	高原	平地	島嶼	

43 ★★★

79 スジマグソコガネ　　　　　　　　　　　　　　　　　　　　Scarabaeidae　コガネムシ科
Aphodius (Pharaphodius) rugosostriatus Waterhouse, 1875

体長　4.4〜6.8 mm　　**特徴**　光沢のある赤褐〜暗褐色(1)．前種に似るが，頭部は中央が隆まらず，会合線中央は隆起し，その両側も弱く隆起する．前胸背板は大小の点刻を散布する(8)．上翅条溝は深く，条溝内の点刻は強く横長で間室にはみ出し(9)，間室は膨隆し小点刻を散布する(10)．〔1-4：♂，5：頭部，6：♂前脛節，7：♀前脛節，8：前胸背板，9-10：上翅，11：側縁部，12：♂交尾器背面，13：♂交尾器側面〕

雌雄の区別　♂前脛節端棘は幅広く，先端は外側に曲がり(6)，♀では細く先端はやや外側に曲がる(7)．

生態　放牧地などのオープンランドに生息し，新鮮な牛・馬・シカなどの糞に集まる．糞内部や直下で見つかることが多く，動きは敏捷．灯火に飛来する．6〜7月にかけて個体数を増す．

80 クロツブマグソコガネ　　　　　　　　　　　　　　　　　　　　Scarabaeidae　コガネムシ科
Aphodius (*Ammoecius*) *yamato* Nakane, 1960

体長　3.4〜4.0 mm　　**特徴**　光沢のある黒色．背部は強く膨隆する(3)．頭部前縁は湾入し，その両側は上反し先端は尖る(2)．頭楯は横シワ状の顆粒をもち，頭頂付近の点刻は強く大きい(5)．前胸背板は大きな点刻と微小点刻を疎らに散布する(8)．上翅条溝は深く，条溝内の点刻は間室にはみ出し，間室は膨隆する(9-10)．肩歯をもつ(11)．〔1-4：♂，5：頭部，6：♂前脛節，7：♀前脛節，8：前胸背板，9-10：上翅，11：側縁部，12：♂交尾器背面，13：♂交尾器側面〕
雌雄の区別　♂前脛節端棘は幅広く，先端は外側に曲がり(6)，♀ではやや細く先端は外側に曲がる(7)．
生態　林内のカビの生えるような古い湿気のあるシカ糞から見つかることが多く，サル・カモシカ・人などの糞にも集まる．また鳥類のペリットや鳥獣の死体からも得られ，食性は幅広い．4〜5月にかけて個体数を増す．

81 フチケマグソコガネ Scarabaeidae コガネムシ科
***Aphodius* (*Aganocrossus*) *urostigma* Harold, 1862**

体長 5.0〜6.2 mm　**特徴** 光沢の強い黒〜黒褐色で，ときに赤褐色となる．頭部は前縁が丸みをおび，会合線に溝があり，頬は小さく丸みをおび，小点刻を散布する(5)．前胸背板は小点刻を疎布し(7)，側縁から上翅外縁にかけて長毛を列生する(6, 10)．上翅は間室に小点刻を散布し(9)，翅端部と側部に長毛を有する点刻をそなえる．〔1-4：♂，5：頭部，6：翅端部，7：前胸背板，8-9：上翅，10：側縁部，11：♂交尾器背面，12：♂交尾器側面〕

雌雄の区別 前脛節端棘による雌雄差はなく，交尾器で区別．

生態 放牧地などのオープンランドに生息し，新鮮な牛・馬などの糞を好み，シカ・羊・犬などの糞にも集まる．灯火によく飛来する．琉球地方では冬季でも，少数の個体が活動している．

分布	北海道	東北	東本州	伊・小	西本州	四国	九州	対馬	屋久島	ト・奄	沖縄	八重山
発生	1月	2月	3月	4月	5月	6月	7月	8月	9月	10月	11月	12月
環境	草原	森林	海浜	河川敷	落葉下	その他	標高	高山	高原	平地	島嶼	

44 ★

82 クロツヤマグソコガネ

Scarabaeidae　コガネムシ科

Aphodius* (*Acrossus*) *atratus Waterhouse, 1875

体長　6.4〜8.1 mm　**特徴**　光沢のある黒色．頭部は前縁が裁断状で中央はやや湾入し，頬はよく突出し，後方は角張り，小点刻を密布する(5)．前胸背板は強い点刻を密布する(8)．小楯板前半部は点刻され(9)，上翅条溝内の点刻は横長で間室にはみ出し，間室は膨隆し粗大点刻を密布する(10)．肩歯を欠く(11)．〔1-4：♂，5：頭部，6：♂前脛節，7：♀前脛節，8：前胸背板，9-10：上翅，11：側縁部，12：♂交尾器背面，13：♂交尾器側面〕

雌雄の区別　♂前脛節端棘は幅広く(6)，♀では細く先端は外側に曲がる(7)．

生態　放牧地などのオープンランドに生息し，新鮮な牛・シカなどの糞に集まる．近年，本州では激減し，分布は局所的となっているが，九州地方にはまだ産地が残っている．3月下旬〜4月にかけて個体数を増す．

分布	北海道	東北	東本州	伊・小	西本州	四国	九州	対馬	屋久島	ト・奄	沖縄	八重山
発生	1月	2月	3月	4月	5月	6月	7月	8月	9月	10月	11月	12月
環境	草原	森林	海浜	河川敷	落葉下	その他	標高	高山	高原	平地	島嶼	

45　★★★

83 イガクロツヤマグソコガネ

Scarabaeidae　コガネムシ科

***Aphodius* (*Acrossus*) *igai* Nakane, 1956**

| 体長 | 5.5〜9.0 mm | 特徴 | 光沢の強い黒色で，九州産はしばしば上翅に黄褐色紋を現す(5-6)．頭部は小点刻を散布する(11)．前胸背板は大小の点刻を疎らに散布する(7)．小楯板は基部に微小点刻を疎布する(8)．上翅間室はほぼ平坦で，小点刻を散布する(9)．後脛節端棘は第1フ節と同長(12)．肩歯を欠く(10)．〔1-4：♂，5-6：斑紋変異（大分県産），7：前胸背板，8-9：上翅，10：側縁部，11：頭部，12：後脛節端棘，13：♂交尾器背面，14：♂交尾器側面〕|

雌雄の区別　♂は前胸背板が幅広くなることが多い(1)．前脛節端棘による雌雄差はない．

生態　林内の新鮮なシカ糞から見つかることが多く，牛・サル・キツネ・人など糞にも集まる．標高2000m付近まで生息し，次種と混生する産地もある．トゲクロツヤマグソコガネやクロオビマグソコガネと混生する産地も多い．

分布	北海道	東北	東本州	伊・小	西本州	四国	九州	対馬	屋久島	ト・奄	沖縄	八重山
発生	1月	2月	3月	4月	5月	6月	7月	8月	9月	10月	11月	12月
環境	草原	森林	海浜	河川敷	落葉下	その他	標高	高山	高原	平地	島嶼	

45　★★

84 オオクロツヤマグソコガネ Scarabaeidae コガネムシ科
***Aphodius* (*Acrossus*) *japonicus* Nomura et Nakane, 1951**

体長 9.0〜11.0 mm　**特徴** 光沢の強い黒色．前種に似るが，幅広く大型で，背部はやや扁平し(3)，後脛節端棘は第1フ節より長い(10)．肩歯を欠く(8)．〔1-4：♂，5：前胸背板，6-7：上翅，8：側縁部，9：頭部，10：後脛節端棘，11：♂交尾器背面，12：♂交尾器側面〕

雌雄の区別 ♂は前胸背板が幅広くなることが多い(1)．前脛節端棘による雌雄差はない．

生態 高山帯の新鮮なカモシカ・人などの糞から見つかることがあり，牛・犬などの糞トラップからも得られている．亜高山帯上部〜高山帯稜線部まで生息するが，高所からの採集例が多い．高山帯ではタカネニセマキバマグソコガネと混生する産地もある．分布は局所的で，中部山岳の北・中央アルプス周辺や白山などから知られている．

分布	北海道	東北	東本州	伊・小	西本州	四国	九州	対馬	屋久島	ト・奄	沖縄	八重山
			■									

発生	1月	2月	3月	4月	5月	6月	7月	8月	9月	10月	11月	12月
							■	■				

環境	草原	森林	海浜	河川敷	落葉下	その他	標高	高山	高原	平地	島嶼
	■							■			

45 ★★★★

85 オオツヤマグソコガネ   Scarabaeidae コガネムシ科
***Aphodius* (*Acrossus*) *rufipes* (Linnaeus, 1758)**

体長 9.5〜13.0 mm **特徴** 光沢のある黒褐〜赤褐色．背部はやや膨隆し(3)，複眼は大きい(4)．頭部は頬がよく突出し，後方は角張り，微小点刻を散布する(5)．前胸背板は中央部がほぼ無点刻で，両側部は少数認められる(8)．上翅条溝は細く(9)，間室はほぼ平坦で，微小点刻を散布する(10)．〔1-4：♂，5：頭部，6：♂前脛節，7：♀前脛節，8：前胸背板，9-10：上翅，11：側縁部，12：♂交尾器背面，13：♂交尾器側面〕

雌雄の区別 ♂前脛節端棘は幅広く，先端は外側に曲がり(6)，♀では細く先端はやや外側に曲がる(7)．

生態 放牧地などのオープンランドに生息し，新鮮な牛・馬・人などの糞に集まる．中部地方の高原の放牧地からの記録が多いが，放牧地以外の環境からも得られている．灯火に飛来する．対馬からは平地の放牧地で発見された．

分布	北海道	東北	東本州	伊・小	西本州	四国	九州	対馬	屋久島	ト・奄	沖縄	八重山
		東北	東本州					対馬				

発生	1月	2月	3月	4月	5月	6月	7月	8月	9月	10月	11月	12月
							7月	8月	9月	10月		

環境	草原	森林	海浜	河川敷	落葉下	その他	標高	高山	高原	平地	島嶼
	草原								高原	平地	

45 ★★★

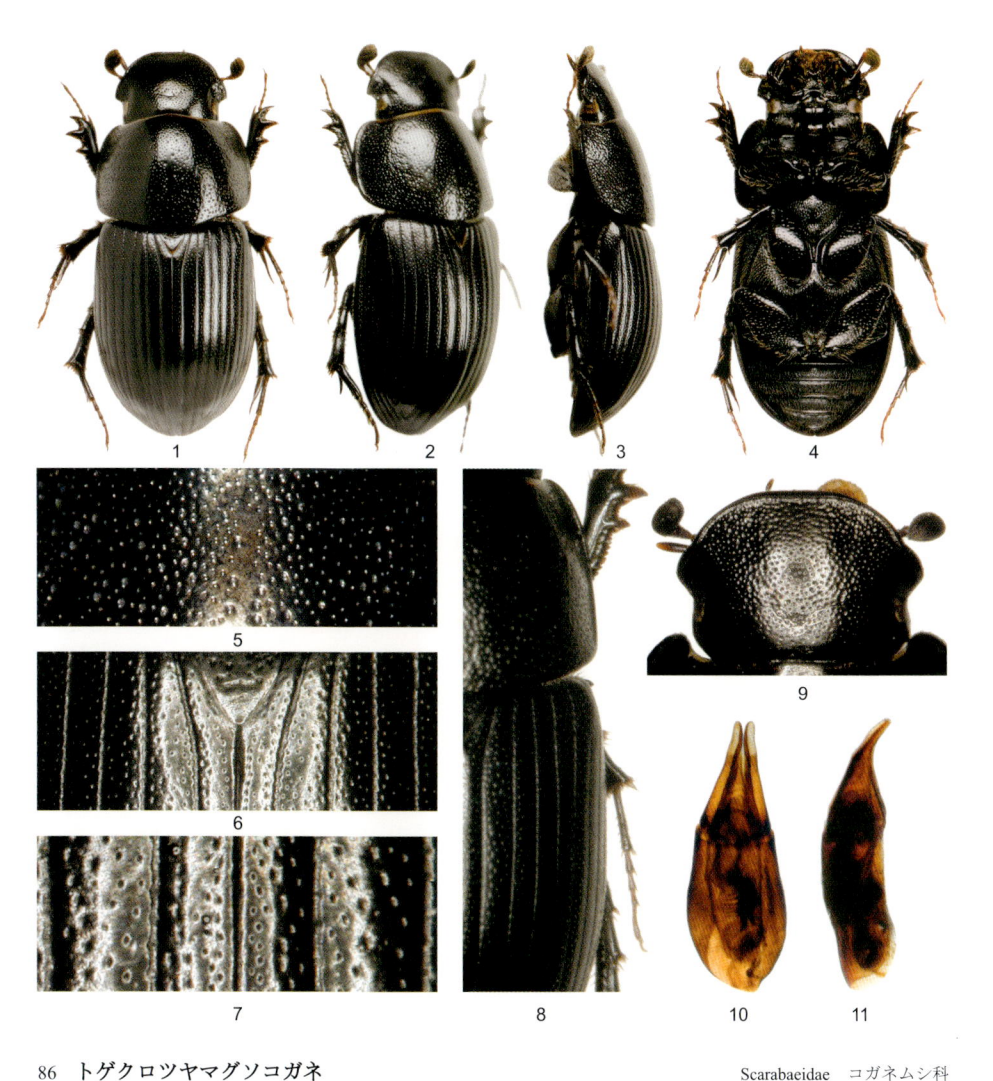

86　トゲクロツヤマグソコガネ　　　　　　　　　　　　　　　　　　Scarabaeidae　コガネムシ科
Aphodius (Acrossus) superatratus Nomura et Nakane, 1951

体長　6.0〜9.6 mm　　**特徴**　光沢の強い黒色．頭部は頬がよく突出し，点刻を密布する(9)．前胸背板は大小の点刻が明瞭で，両側部で密布する(5)．小楯板は前半部が点刻される(6)．上翅条溝は細く，間室は平坦で小点刻を疎らに散布する(7)．肩歯をもつ(8)．〔1-4：♂，5：前胸背板，6-7：上翅，8：側縁部，9：頭部，10：♂交尾器背面，11：♂交尾器側面〕

雌雄の区別　♂は前胸背板が幅広くなることが多い(1)．前脛節端棘による雌雄差はない．

生態　新鮮なシカ糞から見つかることが多く，牛・サル・人・犬などの糞にも集まる．山地から見つかることが多く，クロツヤマグソコガネと混生している産地もある．4〜5月にかけて個体数を増す．

分布	北海道	東北	東本州	伊・小	西本州	四国	九州	対馬	屋久島	ト・奄	沖縄	八重山
		東北	東本州		西本州	四国	九州					

発生	1月	2月	3月	4月	5月	6月	7月	8月	9月	10月	11月	12月
			3月	4月	5月	6月	7月	8月				

環境	草原	森林	海浜	河川敷	落葉下	その他	標高	高山	高原	平地	島嶼
		森林							高原	平地	

45　★★

87 クロオビマグソコガネ　　　　　　　　　　　　　　　　　　Scarabaeidae　コガネムシ科
Aphodius (*Acrossus*) *unifasciatus* Nomura et Nakane, 1951

体長　4.5〜6.8 mm　**特徴**　光沢の強い黒色で，上翅は黄〜黄褐色で黒色の帯紋をもつが，斑紋変化の大きい産地があり，ときに全体を覆う(9-11)．頭部は細い会合線が明瞭で，点刻を密布する(12)．前胸背板は点刻をやや密布する(5)．上翅間室はやや膨隆し，微小点刻を散布する(7)．肩歯をもつ(8)．〔1-4：♂，5：前胸背板，6-7：上翅，8：側縁部，9-10：斑紋変異（三重県産），11：黒化個体（奈良県産），12：頭部，13：♂交尾器腹面，14：♂交尾器側面〕

雌雄の区別　♂は前胸背板が幅広くなることが多い(1)．前脛節端棘による雌雄差はない．

生態　林内の新鮮なシカ糞から見つかることが多く，牛・馬・サル・タヌキ・ウサギ・人・犬などの糞に集まる．山地から見つかることが多い．早春に個体数を増し，その後減少する．

分布	北海道	東北	東本州	伊・小	西本州	四国	九州	対馬	屋久島	ト・奄	沖縄	八重山
		東北	東本州		西本州	四国	九州					

発生	1月	2月	3月	4月	5月	6月	7月	8月	9月	10月	11月	12月
			3月	4月	5月	6月	7月					

環境	草原	森林	海浜	河川敷	落葉下	その他	標高	高山	高原	平地	島嶼
		森林							高原	平地	

45 ★

88 コツヤマグソコガネ

Scarabaeidae コガネムシ科

Aphodius (*Paulianellus*) *maderi* Balthasar, 1938

体長 4.6〜6.0 mm **特徴** 光沢の強い濃褐色で無毛．頭部は前縁がやや湾入し，頬は鈍く丸みをおび，微小点刻を散布する(9)．前胸背板は微小点刻を疎らに散布し，中央部を除き大きな点刻を疎布する(2, 5)．小楯板は小点刻を疎布し(6)，上翅間室は小点刻を散布する(7)．〔1-4：♂，5：前胸背板，6-7：上翅，8：側縁部，9：頭部，10：♂交尾器背面，11：♂交尾器側面〕

雌雄の区別 前脛節端棘による雌雄差はなく，交尾器で区別．

生態 林内の新鮮なシカ糞から見つかることが多く，牛糞トラップにもよく集まる．平地〜山地にかけて生息し，分布は比較的局所的．センチコガネやオオセンチコガネの坑道内から多数の本種が観察されたこともある．

分布	北海道	東北	東本州	伊・小	西本州	四国	九州	対馬	屋久島	ト・奄	沖縄	八重山
発生	1月	2月	3月	4月	5月	6月	7月	8月	9月	10月	11月	12月
環境	草原	森林	海浜	河川敷	落葉下	その他	標高	高山	高原	平地	島嶼	

46 ★★★

89　クロモンマグソコガネ　　　　　　　　　　　　　　　　　　　　　　　　Scarabaeidae　コガネムシ科
Aphodius (*Aphodaulacus*) *variabilis* Waterhouse, 1875

体長　4.9〜7.3 mm　**特徴**　光沢のある黄褐色で，上翅に黒紋をもつが，斑紋変異の大きい産地がある．背部は扁平(3)．頭部は前縁が裁断状でわずかに湾入し，点刻を密布する(5)．前胸背板は点刻をやや密布する(8)．上翅は外縁部や後方に毛をよそおい(1, 11)，小点刻を散布する(10)．〔1-4：♂，5：頭部，6：♂前脛節，7：♀前脛節，8：前胸背板，9-10：上翅，11：側縁部，12：斑紋変異（三重県産），13：群馬県産，14：♂交尾器背面，15：♂交尾器側面〕
雌雄の区別　♂前脛節端棘は幅広く，先端は内側に曲がり(6)，♀は細く直線状(7)．
生態　河川敷や放牧地などのオープンランドに生息し，牛・犬・人などの糞に集まる．放牧地からは激減したが，近年河川敷の犬糞に依存している個体群が再発見され始めた．11〜12月上旬にかけて個体数を増す．

分布	北海道	東北	東本州	伊・小	西本州	四国	九州	対馬	屋久島	ト・奄	沖縄	八重山
	北海道	東北	東本州		西本州	四国	九州	対馬				

発生	1月	2月	3月	4月	5月	6月	7月	8月	9月	10月	11月	12月
	1月	2月	3月							10月	11月	12月

環境	草原	森林	海浜	河川敷	落葉下	その他	標高	高山	高原	平地	島嶼
				河川敷						平地	

46　★★★★

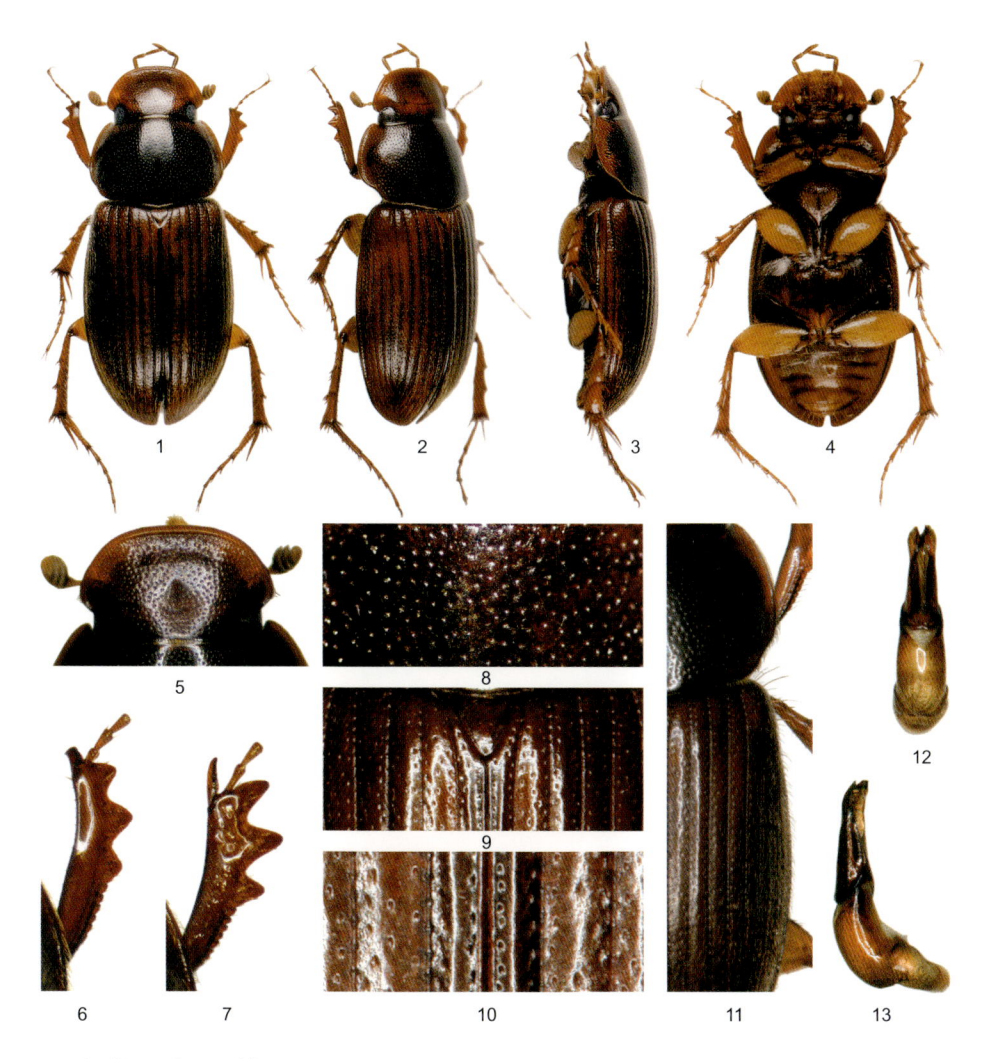

90 ケブカマグソコガネ
Scarabaeidae コガネムシ科
***Aphodius* (*Brachiaphodius*) *eccoptus* Bates, 1889**

体長 7.5〜9.4 mm **特徴** やや光沢の弱い暗褐〜赤褐色．頭部前縁は丸く，頬は弧状に突出し，点刻をやや密布する．前胸背板は両側に毛をよそおい(11)，一様に点刻される(8)．上翅条溝は細く，間室は小点刻を散布し(9-10)，また毛を疎によそおうが両側・翅端部では密(11)．〔1-4：♂，5：頭部，6：♂前脛節，7：♀前脛節，8：前胸背板，9-10：上翅，11：側縁部，12：♂交尾器背面，13：♂交尾器側面〕

雌雄の区別 ♂前脛節は前方が下方に曲がり，端棘は幅広く内側に曲がる(6)．♀は前脛節端棘が細い(7)．

生態 林内〜オープンランドにかけて幅広く生息し，牛・馬・シカ・サル・人などの糞に集まる．灯火によく飛来し，日没直後に多数飛来する様子がよく観察されている．動きは敏捷．群飛していた例がある．

分布	北海道	東北	東本州	伊・小	西本州	四国	九州	対馬	屋久島	ト・奄	沖縄	八重山
発生	1月	2月	3月	4月	5月	6月	7月	8月	9月	10月	11月	12月
環境	草原	森林	海浜	河川敷	落葉下	その他	標高	高山	高原	平地	島嶼	

46 ★★

91 アマミヒメケブカマグソコガネ　　　　　　　　　　　　　　　Scarabaeidae　コガネムシ科
Aphodius (*Trichaphodius*) *atsushii* Ochi, 1986

体長　4.5〜4.6 mm　　**特徴**　光沢の弱い暗褐色．頭部は前縁が裁断状でやや湾入し，頬は突出し，小点刻を散布する(5)．上翅は短毛をよそおうが，基部から翅端部にかけて（およそ3/4）逆三角形をした無毛部をもつ(12)．間室は微細印刻に覆われ，小点刻を散布する(10)．〔1-4：♀，5：頭部，6：♀前脛節，7：中脛節，8：前胸背板，9-10, 12：上翅，11：側縁部（すべて奄美大島産）〕

雌雄の区別　♂前脛節端棘は幅広く扁平で，内側に曲がり(6)，♀では細くなる．

生態　1984年5月上旬に，鹿児島県奄美大島中央林道のアマミノクロウサギ糞から2♂♂1♀が発見され，原記載以後22年間記録がなかったが，2008年に追加個体が採集された．詳しい生態は不明．奄美大島特産種．

分布	北海道	東北	東本州	伊・小	西本州	四国	九州	対馬	屋久島	ト・奄	沖縄	八重山
発生	1月	2月	3月	4月	5月	6月	7月	8月	9月	10月	11月	12月
環境	草原	森林	海浜	河川敷	落葉下	その他	標高	高山	高原	平地	島嶼	

47　★★★★★

92 ヒメケブカマグソコガネ　　　　　　　　　　　　　　　Scarabaeidae コガネムシ科
Aphodius (*Trichaphodius*) *comatus* Ad. Schmidt, [1921]

体長　4.0〜6.1 mm　**特徴**　光沢の強い淡褐〜濃褐色．頭部は前縁が裁断状で，中央はやや隆まり，頬は突出し，小点刻を散布する(5)．前胸背板は大小の点刻を疎らに散布する(8)．上翅条溝は細く(9)，間室は平滑でやや膨隆し(10)，翅端部に短毛をそなえる(12)．♂前脛節端棘は内側に曲がらない(6)．〔1-4：♂，5：頭部，6：♂前脛節，7：♀前脛節，8：前胸背板，9-10：上翅，11：側縁部，12：翅端部，13：♂交尾器背面，14：♂交尾器側面〕

雌雄の区別　♂前脛節端棘は大変幅広く扁平で，先端は裁断状(6)．♀では細くなる(7)．

生態　放牧地などのオープンランドに生息し，新鮮な牛糞を好む．灯火に飛来する．近年，本州では激減しており，分布は局所的となっているが，隠岐諸島や九州地方にはまだ産地が残っている．5〜6月にかけて個体数を増す．

分布	北海道	東北	東本州	伊・小	西本州	四国	九州	対馬	屋久島	ト・奄	沖縄	八重山
		■	■		■		■	■		■		

発生	1月	2月	3月	4月	5月	6月	7月	8月	9月	10月	11月	12月
				■	■	■	■					

環境	草原	森林	海浜	河川敷	落葉下	その他	標高	高山	高原	平地	島嶼
	■								■	■	

47　★★★

93 ツヤケシマグソコガネ　　　　　　　　　　　　　　　　　Scarabaeidae　コガネムシ科
Aphodius (*Nipponaphodius*) *gotoi* Nomura et Nakane, 1951

体長　4.5～5.5 mm　**特徴**　背面は光沢の鈍い暗褐色．頭部は前縁が湾入し，その両側はやや上反し，中央はやや隆まり，その後方に中央の突起は明瞭で両側が不明瞭の3つのコブ状突起をもち(2)，小点刻を密布する(9)．前胸背板は短毛を有する点刻を密布する(8)．上翅条溝は細く，条溝内点刻は間室にはみ出し(6)，間室は短毛を有する微小点刻を密布する(7)．〔1-4：♂，5：前胸背板，6-7：上翅，8：側縁部，9：頭部，10：♂交尾器背面，11：♂交尾器側面〕
雌雄の区別　前脛節端棘による雌雄差はなく，交尾器で区別．
生態　ダイコクコガネやミヤマダイコクコガネの育児巣に盗食寄生し，糞塊や糞球に産卵する．分布は局所的で，灯火に飛来した例もある．近年，ダイコクコガネの生息地の激減にともない，本種の生息が確認できなくなってきている．

分布	北海道	東北	東本州	伊・小	西本州	四国	九州	対馬	屋久島	ト・奄	沖縄	八重山
発生	1月	2月	3月	4月	5月	6月	7月	8月	9月	10月	11月	12月
環境	草原	森林	海浜	河川敷	落葉下	その他	標高	高山	高原	平地	島嶼	

47　★★★★★

94 チャグロマグソコガネ

Scarabaeidae コガネムシ科

Aphodius (Aparammoecius) isaburoi Nakane, 1956

体長 3.5〜4.5 mm **特徴** 光沢のある黒色で，頭胸背に赤褐色部をもつが，変異が大きい．頭部は前縁がやや湾入し，中央は隆まり，会合線は細く，強い点刻を密布する(9)．前胸背板は強い点刻を密布する(5)．小楯板は三角形で点刻を欠く(6)．上翅条溝は細く，条溝内の点刻は間室にはみ出す(6)．間室はほぼ平坦で，小点刻を散布する(7)．明瞭な肩歯をもつ(8)．〔1-4：♂，5：前胸背板，6-7：上翅，8：側縁部，9：頭部，10：♂交尾器背面，11：♂交尾器側面〕

雌雄の区別 前脛節端棘による雌雄差はなく，交尾器で区別．

生態 林内のシカ糞から見つかることが多く，牛・サル・イノシシ・タヌキ・カモシカ・羊・ウサギ・山羊・人・犬などの糞にも集まる．やや古くなった糞から得られることも多く，糞直下の土中に潜んでいることも多い．

分布	北海道	東北	東本州	伊・小	西本州	四国	九州	対馬	屋久島	ト・奄	沖縄	八重山
発生	1月	2月	3月	4月	5月	6月	7月	8月	9月	10月	11月	12月
環境	草原	森林	海浜	河川敷	落葉下	その他	標高	高山	高原	平地	島嶼	

47 ★

95 ミゾムネマグソコガネ　　　　　　　　　　　　　　　　Scarabaeidae　コガネムシ科
***Aphodius (Aparammoecius) mizo* Nakane, 1967**

体長　2.9〜4.4 mm　**特徴**　やや光沢のある黒褐〜暗褐色で，頭胸背に赤褐色部をもつが，変異は大きい．前種に似るが，頭部は点刻をより密布する(5)．前胸背板は中央に浅い縦溝をもち，点刻をより密布する(12)，小楯板基部は点刻をもつ(9)．肩歯をもつ(11)．〔1-4：♂，5：頭部，6：♂前脛節，7：♀前脛節，8：前胸背板，9-10：上翅，11：側縁部，12：前胸背板縦溝，13：♂交尾器背面，14：♂交尾器側面〕

雌雄の区別　♂前脛節端棘は先端が内側に曲がり(6)，♀ではやや外側に曲がる(7)．

生態　林内のサル糞で見つかることが多く，牛・シカ・イノシシ・ウサギ・犬・人などの糞にも集まる．前種と混生する産地も多く，晩秋〜早春にかけて多く見られる．

分布	北海道	東北	東本州	伊・小	西本州	四国	九州	対馬	屋久島	ト・奄	沖縄	八重山
発生	1月	2月	3月	4月	5月	6月	7月	8月	9月	10月	11月	12月
環境	草原	森林	海浜	河川敷	落葉下	その他	標高	高山	高原	平地	島嶼	

96 ネグロマグソコガネ　　　　　　　　　　　　　　　　　　　　　　　　　Scarabaeidae　コガネムシ科
Aphodius (*Aparammoecius*) *pallidiligonis* Waterhouse, 1875

体長　3.1〜4.5 mm　　**特徴**　光沢のある黒色で，上翅は黄褐色で基部や両側部に黒紋をもつ(1)．頭部は前縁がやや湾入し，会合線は細く，強い点刻を密布する(5)．前胸背板は強い点刻を密布する(8)．小楯板は平滑．上翅条溝はやや細く，条溝内の点刻はやや間室にはみ出し(9)，間室は小点刻を散布する(10)．肩歯をもつ(11)．〔1-4：♂，5：頭部，6：♂前脛節，7：♀前脛節，8：前胸背板，9-10：上翅，11：側縁部，12：♂交尾器背面，13：♂交尾器側面〕

雌雄の区別　♂前脛節端棘は幅広く，先端はやや内側に曲がり(6)，♀では細い(7)．

生態　林内の獣糞から見つかることが多く，シカ・牛・イノシシ・ウサギ・犬・人などの糞に集まる．平地〜低山地にかけて生息し，分布は関東以北では局所的．晩秋〜早春にかけて多く見られる．

97 コマグソコガネ Scarabaeidae コガネムシ科
Aphodius (*Esymus*) *pusillus* (Herbst, 1789)

体長 2.6〜4.5 mm **特徴** やや光沢のある黒〜黒褐色で，頭胸背に淡褐〜赤褐色部をもつが，変異は大きい．頭部は前縁がやや湾入し(2)，小点刻を疎らに散布する(5)．前胸背板は大小の点刻を疎らに散布する(6)．小楯板基部はやや平行で，前半部は点刻をもつ(7)．上翅間室はやや膨隆し，小点刻を散布する(8)．後胸腹板はほぼ点刻を欠く(10).
〔1-4：♂，5：頭部，6：前胸背板，7-8：上翅，9：側縁部，10：後胸腹板，11：♂交尾器背面，12：♂交尾器側面〕
雌雄の区別 前脛節端棘による雌雄差はなく，交尾器で区別．
生態 河川敷や放牧地などのオープンランドに生息し，新鮮な牛・馬・シカ・羊・犬・人などの糞に集まる．広域分布種であるが西日本ではやや局所的で，春季に個体数を増す．

分布	北海道	東北	東本州	伊・小	西本州	四国	九州	対馬	屋久島	ト・奄	沖縄	八重山
	北海道	東北	東本州		西本州	四国	九州					

発生	1月	2月	3月	4月	5月	6月	7月	8月	9月	10月	11月	12月
			3月	4月	5月	6月	7月	8月	9月	10月		

環境	草原	森林	海浜	河川敷	落葉下	その他	標高	高山	高原	平地	島嶼
	草原			河川敷					高原	平地	

48 ★★

98 ヒメコマグソコガネ　　　　　　　　　　　　　　　　　　　　　　　Scarabaeidae　コガネムシ科
***Aphodius* (*Phalacronothus*) *botulus* Balthasar, 1945**

体長　2.8〜3.5 mm　　**特徴**　やや光沢のある黒〜黒褐色で，上翅に赤褐色部をもつが(1), 変異は大きい. 前種に似るが，頭部は強い点刻をより密布(5). 前胸背板は大小の点刻にあまり差はなく，より密布する(8). 上翅条溝内の点刻は間室にはみ出し(9), 間室はより大きな点刻をより密布(10). 後胸腹板は点刻を散布(12). 〔1-4：♂, 5：頭部, 6：♂前脛節, 7：♀前脛節, 8：前胸背板, 9-10：上翅, 11：側縁部, 12：後胸腹板, 13：♂交尾器背面, 14：♂交尾器側面〕
雌雄の区別　♂前脛節端棘は幅広く，先端は内側に曲がり(6), ♀では細い(7).
生態　オープンランドの新鮮なシカ糞から見つかることが多く，放牧地の牛糞からも記録がある. 奈良県若草山に生息していることが有名で，下草の疎らなところで見つかることが多い. 4月下旬〜5月上旬にかけて短期間発生する.

分布	北海道	東北	東本州	伊・小	西本州	四国	九州	対馬	屋久島	ト・奄	沖縄	八重山
		東北			西本州							

発生	1月	2月	3月	4月	5月	6月	7月	8月	9月	10月	11月	12月
				4月	5月							

環境	草原	森林	海浜	河川敷	落葉下	その他	標高	高山	高原	平地	島嶼
	草原									平地	

48 ★★★★

99 セマダラマグソコガネ

Scarabaeidae　コガネムシ科

Aphodius (Chilothorax) nigrotessellatus (Motschulsky, 1866)

体長　3.9〜6.0 mm　**特徴**　やや光沢のある黒色で，上翅は黄褐色で黒紋をもつ(1)．頭部は前縁が湾入し，中央はやや隆まり，会合線上に弱い3つのコブ状突起をもち，点刻を密布する(2, 9)．前胸背板は外縁が縁どられ，点刻を密布する(5)．上翅基部の第5間室に黒紋をもち(6)，条溝は細く，両側と後方に短毛をそなえ，間室は小点刻を散布する(7)．肩歯を欠く(8)．〔1-4：♂，5：前胸背板，6-7：上翅，8：側縁部，9：頭部，10：♂交尾器背面，11：♂交尾器側面〕

雌雄の区別　前脛節端棘による雌雄差はなく，交尾器で区別．

生態　河川敷や公園などのオープンランドの犬糞で見つかることが多く，人・猫・タヌキ・サル・牛などの糞にも集まる．平地〜低山地にかけて生息し，市街地にも多い．冬季に個体数を増す．

分布	北海道	東北	東本州	伊・小	西本州	四国	九州	対馬	屋久島	ト・奄	沖縄	八重山
発生	1月	2月	3月	4月	5月	6月	7月	8月	9月	10月	11月	12月

環境	草原	森林	海浜	河川敷	落葉下	その他	標高	高山	高原	平地	島嶼

100 アマミセマダラマグソコガネ　　　　　　　　　　　　　　　　　　　　Scarabaeidae　コガネムシ科
Aphodius (*Chilothorax*) *ohishii* **Masumoto, 1975**

体長　4.0〜5.4 mm　　**特徴**　やや光沢のある黒色で，上翅は黄褐色で黒紋をもつ(1). 背部は強く膨隆する(3). 頭部は会合線上に弱い3つのコブ状突起をもち，点刻を密布(2, 9). 前胸背板は大小の点刻を密布する(5). 小楯板は点刻を疎布する(6). 上翅は通常基部の第5間室に黒紋をもち，間室は膨隆し微小点刻を疎布する(2, 7). 肩歯をもつ(8).〔1-4：♂，5：前胸背板，6-7：上翅，8：側縁部，9：頭部，10：♂交尾器背面，11：♂交尾器側面（すべて奄美大島産）〕
雌雄の区別　前脛節端棘による雌雄差はなく，交尾器で区別.
生態　林内などにある新鮮なアマミノクロウサギ糞から見つかることが多く，牛糞トラップにも集まる. 糞内部に潜んでいることが多く，動きは鈍い. 冬季に個体数を増し，その後減少していく. 奄美大島特産種.

101 オビモンマグソコガネ

Scarabaeidae　コガネムシ科

Aphodius (*Chilothorax*) *okadai* Nakane, 1951

体長　3.6〜5.0 mm　　**特徴**　光沢のある黒色で，上翅は黄褐色で横帯状の黒紋をもつ(1)．背部はやや強く膨隆する(3)．頭部は前縁が湾入し，頭楯にやや横シワ状の顆粒をもつ(9)．前胸背板は大小の点刻にあまり差はなく，密布する(5)．小楯板は前半部に点刻をもつ(6)．上翅基部の第4-5間室に黒紋をもち，間室は小点刻を散布する(7)．肩歯をもつ(8)．
〔1-4：♂，5：前胸背板，6-7：上翅，8：側縁部，9：頭部，10：♂交尾器背面，11：♂交尾器側面〕

雌雄の区別　前脛節端棘による雌雄差はなく，交尾器で区別．

生態　林内の新鮮なシカ糞から見つかることが多く，牛糞にも集まる．平地〜低山地にかけて生息し，分布は局所的で，奈良県春日山が生息地として有名．冬季に個体数を増し，その後減少していく．

分布	北海道	東北	東本州	伊・小	西本州	四国	九州	対馬	屋久島	ト・奄	沖縄	八重山
発生	1月	2月	3月	4月	5月	6月	7月	8月	9月	10月	11月	12月
環境	草原	森林	海浜	河川敷	落葉下	その他	標高	高山	高原	平地	島嶼	

49　★★★

102 キマダラマグソコガネ Scarabaeidae コガネムシ科
***Aphodius (Chilothorax) punctatus* Waterhouse, 1875**

体長 4.0〜5.9 mm　　**特徴**　光沢のある黒色で，上翅は黄褐色で黒紋をもつ(1)．背部はやや強く膨隆する(3)．セマダラマグソコガネに似るが，頭部は粗い点刻をより密布する(9)．前胸背板は強い点刻をより密布する(5)．小楯板は強い点刻をもつ．上翅基部の第4間室から黒紋部をもち(6)，間室は点刻をより密布する(7)．〔1-4：♂，5：前胸背板，6-7：上翅，8：側縁部，9：頭部，10：♂交尾器背面，11：♂交尾器側面〕

雌雄の区別　前脛節端棘による雌雄差はなく，交尾器で区別．

生態　林内のイノシシ糞から見つかることが多く，オープンランドにも生息し，犬・人・タヌキ・牛などの糞にも集まる．平地〜山地にかけて生息し，本州では紀伊半島に広く生息していることが近年確認された．

分布	北海道	東北	東本州	伊・小	西本州	四国	九州	対馬	屋久島	ト・奄	沖縄	八重山
発生	1月	2月	3月	4月	5月	6月	7月	8月	9月	10月	11月	12月
環境	草原	森林	海浜	河川敷	落葉下	その他	標高	高山	高原	平地	島嶼	

49 ★★★★

103　ツヤマグソコガネ　　　　　　　　　　　　　　　　　　　　Scarabaeidae　コガネムシ科
Aphodius (*Aphodiellus*) *impunctatus* Waterhouse, 1875

体長　　7.2〜9.2 mm　　**特徴**　　透明感のある暗赤褐〜褐色．非常に強い光沢をもつ．前胸背板は後角が鈍く丸まり細く縁どられ(10)，小点刻を疎らに散布する(5)．上翅間室はほぼ点刻を欠く(6)．肩歯を欠く(10)．〔1-4：♂，5：前胸背板，6：上翅，7：頭部，8：♂前脛節，9：♀前脛節，10：側縁部，11：♂交尾器背面，12：♂交尾器側面〕

雌雄の区別　　前脛節端棘の先端が，♂は明瞭に裁断状で(8)，♀では直線状に尖る(9)．

生態　　夜間活発に飛翔し，ダイコクコガネの坑道内の新鮮な貯蔵牛糞に潜入し産卵，幼虫はこれを盗食し付近の土中で蛹化する．夏季に灯火に集まる他，地上の牛糞からも見つかることがある．国内では九州地方特産種で，ダイコクコガネの減少とともに，産地はかなり局限されてきている．

分布	北海道	東北	東本州	伊・小	西本州	四国	九州	対馬	屋久島	ト・奄	沖縄	八重山
発生	1月	2月	3月	4月	5月	6月	7月	8月	9月	10月	11月	12月
環境	草原	森林	海浜	河川敷	落葉下	その他	標高	高山	高原	平地	島嶼	

49　★★★★★

104 マグソコガネ

Scarabaeidae コガネムシ科

Aphodius (*Phaeaphodius*) *rectus* (Motschulsky, 1866)

体長 4.9〜7.2 mm **特徴** 光沢のある黒色で，ときに上翅は赤褐色部を現す型や(12)，黄赤褐色で両側に大きな黒紋をもつ型などの斑紋変異がある(13)．頭部は会合線上に3つのコブ状突起をもち，大小の点刻を密布(5)．前胸背板側縁には白色毛を列生(11)．上翅間室はほぼ平坦で，小点刻を疎布(10)．〔1-4：♂，5：頭部，6：♂前脛節，7：♀前脛節，8：前胸背板，9-10：上翅，11：側縁部，12-13：斑紋変異，14：♂交尾器背面，15：♂交尾器側面〕

雌雄の区別 ♂前脛節端棘は幅広く，先端は裁断状で(6)，♀では細くなる(7)．
生態 河川敷や放牧地などのオープンランドから見つかることが多く，牛・馬・シカ・サル・羊・山羊・タヌキ・イノシシ・カモシカ・人・犬・猫などの糞に集まる．また，堆肥や腐敗植物質からも得られる．冬季に個体数を増す．

105 オオフタホシマグソコガネ　原名亜種　　　　　　　　　　　　Scarabaeidae　コガネムシ科
Aphodius (Aphodius) elegans elegans Allibert, 1847

体長　11.0〜13.5 mm　**特徴**　光沢のある黒色で，上翅は黄色で中央後方に黒紋をもつ．前胸背板は大きな点刻を疎布する(11-12)．上翅条溝は細く，間室は小点刻を散布する(13)．〔1-4：♂，5-6：♂頭部，7：♂前脛節，8-9：♀頭部，10：♀前脛節，11：♂前胸背板，12：♀前胸背板，13：上翅，14：側縁部，15：♂交尾器背面，16：♂交尾器側面〕

雌雄の区別　♂は頭部前方に角をそなえ，その後方両側に隆起をもち(2, 6)，前胸背板は前縁中央が窪み(2, 11)，前脛節端棘は幅広く先端は裁断状(7)．♀は頭部に1対の低い隆起をもち(9)，前脛節端棘は細く先端は外側に曲がる(10)．

生態　放牧地などのオープンランドから見つかることが多く，新鮮な牛・馬などの糞にも集まる．平地〜低山地にかけて生息し，放牧地以外では稀．春季・秋季に個体数を増す．

分布	北海道	東北	東本州	伊・小	西本州	四国	九州	対馬	屋久島	ト・奄	沖縄	八重山
発生	1月	2月	3月	4月	5月	6月	7月	8月	9月	10月	11月	12月
環境	草原	森林	海浜	河川敷	落葉下	その他	標高	高山	高原	平地	島嶼	

50　★★

106 ヨツボシマグソコガネ　　　　　　　　　　　　　　　　　Scarabaeidae　コガネムシ科
***Aphodius* (*Bodilus*) *sordidus* (Fabricius, 1775)**

体長 5.0〜7.8 mm　**特徴** 光沢のある黄褐色で，上翅は肩部と後方に1対ずつの暗色紋をもつが，ときに紋が広がったり消失したりする．頭部は前縁がやや湾入し，中央前方に縦長の隆起をもち(2)，その後方に3つのコブ状突起をもつ(9-10)．前胸背板は雌雄により点刻の密度が異なる．上翅間室は微小点刻を散布する(7)．肩歯を欠く(8)．〔1-4：♂，5：♂前胸背板，6-7：上翅，8：側縁部，9：♂頭部，10：♀頭部，11：♂交尾器背面，12：♂交尾器側面〕

雌雄の区別　♂は頭部会合線上の3つのコブ状突起は強く(9)，前胸背板は点刻を疎布する(5)．♀前胸背板点刻は♂より密．

生態　放牧地などのオープンランドに生息し，新鮮な牛・馬などの糞を好む．灯火によく飛来する．糞内部や直下で見つかることが多いが，カドマルエンマコガネなどの坑道内から多数観察された例もある．秋季に個体数を増す．

分布	北海道	東北	東本州	伊・小	西本州	四国	九州	対馬	屋久島	ト・奄	沖縄	八重山
発生	1月	2月	3月	4月	5月	6月	7月	8月	9月	10月	11月	12月
環境	草原	森林	海浜	河川敷	落葉下	その他	標高	高山	高原	平地	島嶼	

51　★★

107 キバネマグソコガネ Scarabaeidae コガネムシ科
***Aphodius (Acanthobodilus) languidulus* Ad. Schmidt, 1916**

体長 5.0～7.2 mm **特徴** 光沢の鈍い黄褐色で，頭胸背に暗褐～赤褐色部をもつ(1)．前種と似るが，背部は偏平で(3)，丸みをおびる(1)．頭部は前縁が僅かに湾入し，頬の突出は弱く，会合線上に3つのコブ状突起を欠く(9)．前胸背板は大小の点刻をやや密布する(5)．上翅間室は微細な鮫肌状(7)．肩歯をもつ(8)．〔1-4：♂，5：前胸背板，6-7：上翅，8：側縁部，9：頭部，10：♂交尾器背面，11：♂交尾器側面〕

雌雄の区別 前脛節端棘による雌雄差はなく，交尾器で区別．

生態 放牧地などのオープンランドに生息し，新鮮な牛糞を好む．灯火に飛来する．広域分布種であったが，現在では激減し，近年生息の確認できている産地は離島を除きほとんどない．5～6月にかけて個体数を増す．

分布	北海道	東北	東本州	伊・小	西本州	四国	九州	対馬	屋久島	ト・奄	沖縄	八重山
発生	1月	2月	3月	4月	5月	6月	7月	8月	9月	10月	11月	12月
環境	草原	森林	海浜	河川敷	落葉下	その他	標高	高山	高原	平地	島嶼	

51 ★★★★

108 ヌバタママグソコガネ　　　　　　　　　　　　　　　　　　　　　　Scarabaeidae　コガネムシ科
Aphodius (*Agrilinus*) *breviusculus* (Motschulsky, 1866)

体長　4.0〜6.0 mm　　**特徴**　光沢のある黒色．背部は強く膨隆する(3)．頭部は前縁が湾入し，その両側は丸まり(2)，頭楯に横隆起をそなえ，会合線上に中央が円錐型の3つのコブ状突起をもつ(9-10)．前胸背板は大小の点刻を疎布する(5)．小楯板は三角形で前半部は点刻をもつ．上翅条溝は浅く(6)，間室は小点刻を散布する(7)．肩歯を欠く(8)．
〔1-4：♂，5：前胸背板，6-7：上翅，8：側縁部，9：♂頭部，10：♀頭部，11：♂交尾器背面，12：♂交尾器側面〕
雌雄の区別　♂は前胸背板が幅広くなることが多い(1)．前脛節端棘による雌雄差はない．
生態　林内〜オープンランドに幅広く生息し，新鮮な牛・シカ・サル・羊・山羊・クマ・人などの糞に集まる．平地〜山地にかけて生息し，春季に個体数を増す．九州地方では冬季でもしばしば見つかる．

分布	北海道	東北	東本州	伊・小	西本州	四国	九州	対馬	屋久島	ト・奄	沖縄	八重山
	■	■	■		■	■	■	■				

発生	1月	2月	3月	4月	5月	6月	7月	8月	9月	10月	11月	12月
			■	■	■	■	■	■	■	■	■	

環境	草原	森林	海浜	河川敷	落葉下	その他	標高	高山	高原	平地	島嶼
		■							■	■	

51　★★

109　ヒメスジマグソコガネ　　　　　　　　　　　　　　　　　　　　　　Scarabaeidae　コガネムシ科
***Aphodius* (*Agrilinus*) *hasegawai* Nomura et Nakane, 1951**

体長　3.0〜4.3 mm　**特徴**　光沢の鈍い黒色で，ときに上翅は基部や翅端部，また全体が赤褐色となる(5)．頭部は前縁が湾入し，頭楯は横隆起をもち，会合線上に3つのコブ状突起をもつ(2)．前胸背板は大小の点刻を密布(7)．上翅間室は強く膨隆し，その両側は平圧され，条溝は細い隆起によって縁どられる(1, 8-9)．肩歯をもつ(10)．〔1-4：♂，5：赤褐色個体（栃木県産），6：頭部，7：前胸背板，8-9：上翅，10：側縁部，11：♂交尾器背面，12：♂交尾器側面〕

雌雄の区別　頭部会合線上中央のコブは，♂では隆まり，♀では弱い．

生態　林内の新鮮なサル糞から見つかることが多いが，オープンランドにも生息し，牛・シカ・ウサギ・イノシシ・キツネ・人などの糞にも集まる．また，鳥獣の死体や猛禽類のペリットでも得られ雑食性が強い．春季に個体数を増す．

分布	北海道	東北	東本州	伊・小	西本州	四国	九州	対馬	屋久島	ト・奄	沖縄	八重山
発生	1月	2月	3月	4月	5月	6月	7月	8月	9月	10月	11月	12月
環境	草原	森林	海浜	河川敷	落葉下	その他	標高	高山	高原	平地	島嶼	

52 ★★★★

110 ニセヌバタママグソコガネ　　　　　　　　　　　　　　　　　　　　　　Scarabaeidae　コガネムシ科
Aphodius (Agrilinus) ishidai Masumoto et Kiuchi, 1987

体長　4.4〜5.5 mm　**特徴**　光沢のある黒色．ヌバタママグソコガネに似るが，頭部は前縁が湾入し，その両側は角張って上反し(2)，会合線上のコブ状突起は横長(9)．前胸背板は側縁が後角に向かい広がり(1)，大小の点刻をやや密布する(5)．上翅側縁は後方に向かい広がり(1)，間室は小点刻を散布する(7)．〔1-4：♂，5：前胸背板，6-7：上翅，8：側縁部，9：頭部，10：♂交尾器背面，11：♂交尾器側面〕
雌雄の区別　頭部会合線上中央のコブは，♂では中央が凹む．
生態　林内の新鮮なサル糞で見つかることが多く，シカ・牛などの糞にも集まる．本州では山地からの記録が多いが，近年対馬では低山地から発見された．分布は局所的で，ヌバタママグソコガネと混生する産地もある．

分布	北海道	東北	東本州	伊・小	西本州	四国	九州	対馬	屋久島	ト・奄	沖縄	八重山
発生	1月	2月	3月	4月	5月	6月	7月	8月	9月	10月	11月	12月
環境	草原	森林	海浜	河川敷	落葉下	その他	標高	高山	高原	平地	島嶼	

52　★★★★

111 マダラヒメスジマグソコガネ   Scarabaeidae コガネムシ科
***Aphodius* (*Agrilinus*) *madara* Nakane, 1960**

体長 3.5〜4.1 mm　**特徴** 光沢の鈍い黒〜暗褐色で，上翅は赤褐色でまだらの黒紋をもつ．ヒメスジマグソコガネに似るが，頭部は頭楯中央が縦長に隆起する(2)．前胸背板は大小の点刻を密布する(5)．上翅間室は膨隆が弱く，両側はあまり平圧されず，縁の隆線はきわめて細く，隆条は前方で狭くならない(1, 6-7)．肩歯を欠く(8)．〔1-4：♂，5：前胸背板，6-7：上翅，8：側縁部，9：頭部，10：♂交尾器背面，11：♂交尾器側面〕

雌雄の区別　前脛節端棘による雌雄差はなく，交尾器で区別．

生態　林内〜オープンランドにかけて幅広く生息し，新鮮な牛・シカ・サル・羊・犬・人などの糞に集まる．山地性で，標高900〜2500m付近の採集例が多い．春季・秋季に個体数を増す．

分布	北海道	東北	東本州	伊・小	西本州	四国	九州	対馬	屋久島	ト・奄	沖縄	八重山
発生	1月	2月	3月	4月	5月	6月	7月	8月	9月	10月	11月	12月
環境	草原	森林	海浜	河川敷	落葉下	その他	標高	高山	高原	平地	島嶼	

112　オオスジマグソコガネ　　　　　　　　　　　　　　　　　　　　　　Scarabaeidae　コガネムシ科
Aphodius (Agrilinus) ritsukoae **Kawai, 2004**

体長　3.7〜6.4 mm　　**特徴**　黒色で大型，頭部に弧状の横隆起と3つのコブをそなえ，頭部と前胸背板は光沢が強く
ヌバタママグソコガネに似，上翅はヒメスジマグソコガネによく似るが，そのいずれとも区別は容易．ただし，小型
個体はヒメスジマグソコガネと混同されることがある．〔1-4：♂，5：頭部，6：♂前脛節，7：♀前脛節，8：前胸背
板，9-10：上翅，11：側縁部，12：♂交尾器背面，13：♂交尾器側面（すべてparatype）〕

雌雄の区別　♂は前胸背板が幅広く全体に膨隆し，光沢が強い．♀は前胸背板が細まり，光沢は♂より鈍い．

生態　徳島県西部の低山地のサル糞に，3月下旬過ぎの短期間に見られる．早春の急峻な山間部でのサル糞の見つけ難
さから発見が遅れた．九州や本州でも見つかる可能性が高い．

113　エゾマグソコガネ　　　　　　　　　　　　　　　　　　　　　　　　Scarabaeidae　コガネムシ科
Aphodius (*Agrilinus*) *uniformis* Waterhouse, 1875

体長　3.5〜5.5 mm　　**特徴**　光沢のある黒褐色で，ときに上翅は赤褐色となり変化が大きい．背部は両側が平行(1)．頭部は前縁がわずかに湾入し，中央に3つのコブ状突起をもち(2)，小点刻をやや密布する(9)．前胸背板は大小の点刻をやや密布する(5)．小楯板は三角形(6)．上翅条溝は浅く，間室は平坦で小点刻を散布する(7)．肩歯を欠く(8)．〔1-4：♂，5：前胸背板，6-7：上翅，8：側縁部，9：頭部，10：♂交尾器背面，11：♂交尾器側面〕
雌雄の区別　前脛節端棘による雌雄差はなく，交尾器で区別．
生態　放牧地などのオープンランドに生息し，新鮮な牛糞を好む．近年，本州では激減しており，分布は局所的となってきているが，北海道・九州・琉球地方にはまだ産地が残っている．春・秋に個体数が多い．

分布	北海道	東北	東本州	伊・小	西本州	四国	九州	対馬	屋久島	ト・奄	沖縄	八重山
発生	1月	2月	3月	4月	5月	6月	7月	8月	9月	10月	11月	12月
環境	草原	森林	海浜	河川敷	落葉下	その他	標高	高山	高原	平地	島嶼	

114　ダイセツマグソコガネ　　　　　　　　　　　　　　　　　Scarabaeidae　コガネムシ科
***Aphodius (Agoliinus) kiuchii* Masumoto, 1984**

体長　5.5〜6.0 mm　　**特徴**　体型はやや扁平．上翅は赤みをおびる．頭部前縁中央は湾入し，その両側はやや角張って上反する(7)．前胸背板は粗大点刻と小点刻を散布し(8)，側縁中央部は直線状(10)．小楯板は細長い．肩歯をもつ．
〔1-4：♂，5：個体変異♂，6：♂中脛節，7：頭部，8：前胸背板，9：上翅，10：側縁部，11：♂前脛節，12：♂後フ節，13：♂交尾器背面，14：♂交尾器側面〕

雌雄の区別　♂中脛節下端棘は太短く，先端はカギ状に湾曲し(6)，♀ではやや長い．

生態　北海道の大雪山に分布する特産種．分布域は高山帯のハイマツ帯やガレ場の狭いエリアで，7〜8月の夏季に人糞から確認されている．幼生期は不明．

分布	北海道	東北	東本州	伊・小	西本州	四国	九州	対馬	屋久島	ト・奄	沖縄	八重山
発生	1月	2月	3月	4月	5月	6月	7月	8月	9月	10月	11月	12月
環境	草原	森林	海浜	河川敷	落葉下	その他	標高	高山	高原	平地	島嶼	

53　★★★★★

115 ニセマキバマグソコガネ　　　　　　　　　　　　　　　　　　　　　　　Scarabaeidae　コガネムシ科
***Aphodius* (*Agoliinus*) *morii* Nakane, 1983**

体長　4.5〜6.8 mm　**特徴**　光沢のやや弱い黒褐色．頭部は前縁がやや湾入し，その両側は角張って上反し，中央に3つのコブ状突起をもつ(9)．前胸背板は大小の点刻をやや密布する(5)．上翅条溝内は点刻が小さく，間室は小点刻を散布する(6-7)．肩歯をもつ(8)．〔1-4：♂，5：前胸背板，6-7：上翅，8：側縁部，9：♂頭部，10：♂前脛節，11：♀前脛節，12：♂中脛節下端棘，13：♀中脛節下端棘，14：♂交尾器背面，15：♂交尾器側面〕

雌雄の区別　♂は前脛節端棘が幅広く先端は外側に曲がり(10)，中脛節下端棘はやや短く先端は裁断状(12)．

生態　林内の新鮮なシカ糞から見つかることが多く，オープンランドにも生息し，牛・サル・カモシカ・キツネ・テン・犬・人などの糞にも集まる．標高1000〜2500m付近での採集例が多く，晩夏から個体数を増す．

分布	北海道	東北	東本州	伊・小	西本州	四国	九州	対馬	屋久島	ト・奄	沖縄	八重山
発生	1月	2月	3月	4月	5月	6月	7月	8月	9月	10月	11月	12月
環境	草原	森林	海浜	河川敷	落葉下	その他	標高	高山	高原	平地	島嶼	

53　★★★

116　キタミヤママグソコガネ　　　　　　　　　　　　　　　　　　　　　　　　Scarabaeidae　コガネムシ科
Aphodius (*Agoliinus*) *setchan* Masumoto, 1984

体長　3.5〜4.0 mm　　特徴　中型で，上翅は褐色で赤色紋をもち，斑紋変異が大きい(5-8)．頭部前縁中央は幅広く湾入し，その両側はやや角張って上反する(9)．小楯板は細長い．小型の肩歯をもつ．♂交尾器は中央部でくびれ，側片は先端付近で膨らむ．〔1-4：♂，5-8：斑紋変異，9：頭部，10：♂前脛節，11：♂中脛節，12：♀中脛節，13：♂交尾器背面，14：♂交尾器側面〕

雌雄の区別　♂は前胸背板が幅広く発達し，中脛節下端棘は太短い(11)．♀の中脛節下端棘は直線状でより長い(12)．

生態　大雪山周辺及び知床半島の主に亜高山〜高山帯に生息し，ハイマツ帯やダケカンバ帯のエゾシカ糞や人糞から確認されている．酢酸を使用したPTで得られた例がある．幼生期は不明．北海道特産種．

分布	北海道	東北	東本州	伊・小	西本州	四国	九州	対馬	屋久島	ト・奄	沖縄	八重山
発生	1月	2月	3月	4月	5月	6月	7月	8月	9月	10月	11月	12月
環境	草原	森林	海浜	河川敷	落葉下	その他	標高	高山	高原	平地	島嶼	

53　★★★★

117 タカネニセマキバマグソコガネ　　　　　　　　　　　　　　　　Scarabaeidae　コガネムシ科
Aphodius (Agoliinus) shibatai Nakane, 1983

体長 5.0〜7.0 mm　**特徴** 光沢の強い黒色．ニセマキバマグソコガネと似るが，前胸背板は大小の点刻の差が激しい(5)．上翅条溝は深く，条溝内の点刻は強く(6-7)，間室の膨隆は弱い(2)．♂の中脛節下端棘はいちじるしく短い(12)．
〔1-4：♂，5：前胸背板，6-7：上翅，8：側縁部，9：♂頭部，10：♂前脛節，11：♀前脛節，12：♂中脛節下端棘，13：♀中脛節下端棘，14：♂交尾器背面，15：♂交尾器側面〕

雌雄の区別 ♂は前脛節端棘が幅広く(10)，中脛節下端棘は短く先端は裁断状(11)．

生態 高山帯に生息し，人・カモシカなどの糞に集まる．糞内部や直下，土中から見つけられ，動きは鈍い．中部山岳の北・中央アルプス，八ヶ岳に分布し，ニセマキバマグソコガネと混生する産地もある．

分布	北海道	東北	東本州	伊・小	西本州	四国	九州	対馬	屋久島	ト・奄	沖縄	八重山
発生	1月	2月	3月	4月	5月	6月	7月	8月	9月	10月	11月	12月

環境	草原	森林	海浜	河川敷	落葉下	その他	標高	高山	高原	平地	島嶼

53　★★★★

118 ニッコウマグソコガネ　　　　　　　　　　　　　　　　　　　　　　Scarabaeidae　コガネムシ科
Aphodius (Agoliinus) tanakai Masumoto, 1981

体長　4.0〜5.1 mm　　**特徴**　光沢の強い黒褐色で，上翅は基部や翅端部に赤褐色部をもち，ときに全体を覆う．頭部前縁は湾入し，その両側は尖って上反する．頭楯中央は弧状に隆まり(2)，頬の突出は弱い(9)．前胸背板は点刻をやや密布する(5)．小楯板は三角形で基部は点刻される(6)．上翅間室はほぼ平坦で，小点刻を散布する(7)．肩歯をもつ(8)．
〔1-4：♂，5：前胸背板，6-7：上翅，8：側縁部，9：頭部，10：♂交尾器背面，11：♂交尾器側面〕

雌雄の区別　♂中脛節下端棘は短く，♀では直線状．

生態　林内のシカ糞で見つかることが多く，比較的古くなった糞からも得られ，サル・カモシカ・ウサギなどの糞にも集まる．標高750〜2500m付近に生息し，春季に個体数を増す．福島・栃木・群馬・長野県などから知られている．

分布	北海道	東北	東本州	伊・小	西本州	四国	九州	対馬	屋久島	ト・奄	沖縄	八重山
発生	1月	2月	3月	4月	5月	6月	7月	8月	9月	10月	11月	12月
環境	草原	森林	海浜	河川敷	落葉下	その他	標高	高山	高原	平地	島嶼	

53 ★★★

119　トガリズネマグソコガネ　　　　　　　　　　　　　　　　　　Scarabaeidae　コガネムシ科
Aphodius (*Nipponoagoliinus*) *yasutakai* Ochi et Kawahara, 2001

体長　5.4～5.5 mm　　**特徴**　黒色．頭部は前縁が湾入し，その両側は角張って上反し(2)，コブ状突起を欠く(12)．前胸背板は非常に大きく，大小の点刻を散布する(5)．前脛節2外歯は細長く伸張し(9)，中脛節下端棘は短く(10)，中・後腿節下面に長毛をよそおう(13)．〔1-4：♂，5：前胸背板，6-7：上翅，8：側縁部，9：♂前脛節，10：♂中脛節下端棘，11：♂後脛節下端棘，12：♂頭部，13：後腿節下面，14：♂交尾器背面，15：♂交尾器側面（すべてparatype）〕

雌雄の区別　♀が未発見のため不明．

生態　1999年5月上旬に，明るい林内の新鮮なサル糞から2♂♂発見され，その後精力的な調査がおこなわれているが，原記載以後記録がなく，詳しい生態は不明．産地は基産地の栃木県日光市荒沢林道のみ．

分布	北海道	東北	東本州	伊・小	西本州	四国	九州	対馬	屋久島	ト・奄	沖縄	八重山
発生	1月	2月	3月	4月	5月	6月	7月	8月	9月	10月	11月	12月
環境	草原	森林	海浜	河川敷	落葉下	その他	標高	高山	高原	平地	島嶼	53　★★★★★

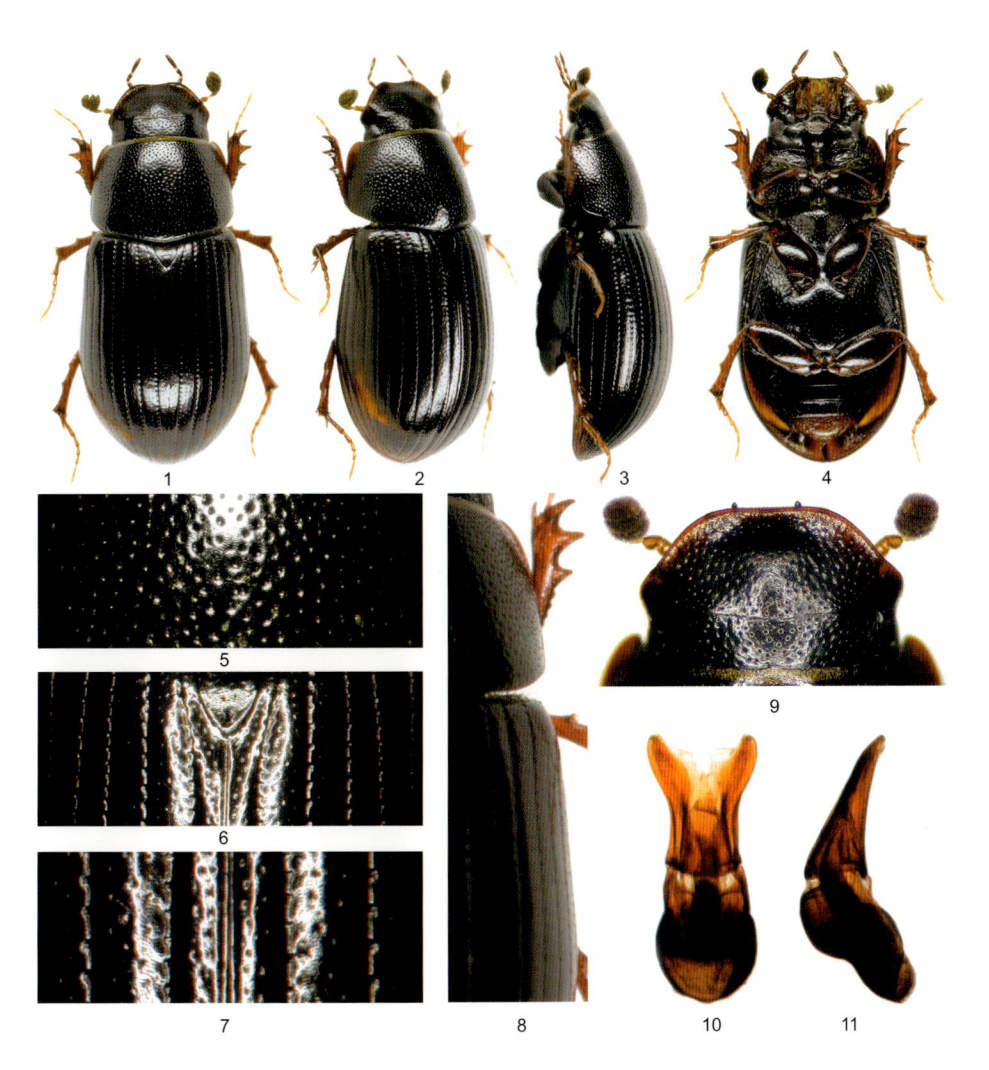

120 マキバマグソコガネ　　　　　　　　　　　　　　　　　　　　　　　Scarabaeidae　コガネムシ科
Aphodius (*Planolinus*) *pratensis* Nomura et Nakane, 1951

体長　4.0〜5.3 mm　　**特徴**　光沢のある黒褐色で，基部や翅端部に赤褐色部をもつが，ときに全体を覆う．頭部は前縁がやや湾入し，その両側は丸まり，頭楯中央と会合線はやや隆まる(2)．前胸背板は大小の点刻を密布する(5)．小楯板は三角形で微小点刻を散布する(6)．上翅条溝内の点刻は間室にはみ出し，間室は小点刻を散布する(7)．肩歯をもつ(8)．〔1-4：♂，5：前胸背板，6-7：上翅，8：側縁部，9：頭部，10：♂交尾器背面，11：♂交尾器側面〕

雌雄の区別　前脛節端棘による雌雄差はなく，交尾器で区別．

生態　林内〜オープンランドに幅広く生息し，牛・シカ・羊・カモシカなどの糞に集まる．平地〜標高2500m付近にかけて生息し，秋季に個体数を増す．南方では冬季でも少数活動し，春季の個体は発生末期．

121　ヒメキイロマグソコガネ　　　　　　　　　　　　　　　　　Scarabaeidae　コガネムシ科
Aphodius (*Subrinus*) *sturmi* Harold, 1870

体長　3.0〜4.3 mm　**特徴**　やや光沢のある赤褐色で，上翅は黄褐色．頭部は前縁がやや湾入し(2)，会合線にやや不明瞭な3つのコブ状突起をもつ(9)．前胸背板は大小の点刻を散布する(5)．小楯板の基部両側は平行．上翅条溝は細い(6)．〔1-4：♂，5：前胸背板，6-7：上翅，8：側縁部，9：頭部，10：♂交尾器背面，11：♂交尾器側面〕
雌雄の区別　前脛節端棘による雌雄の差はなく，交尾器で区別．
生態　放牧地などの牛糞で見つかることが多く，数日以上経過したやや古くなり始めた糞から，多数の個体が得られた例がある．広域分布種であったが現在では激減し，現在，生息を確認できる産地はほとんどない．7〜9月の採集例が多く，灯火に飛来し．沖縄県では春季の記録がある．

分布	北海道	東北	東本州	伊・小	西本州	四国	九州	対馬	屋久島	ト・奄	沖縄	八重山
発生	1月	2月	3月	4月	5月	6月	7月	8月	9月	10月	11月	12月
環境	草原	森林	海浜	河川敷	落葉下	その他	標高	高山	高原	平地	島嶼	

54　★★★★

122 **オビマグソコガネ** Scarabaeidae コガネムシ科
Aphodius (*Calamosternus*) *uniplagiatus* Waterhouse, 1875

体長　3.5～5.0 mm　　特徴　光沢のある黒色．上翅は赤褐色で中央に幅の広い暗色紋をもつが，ときに全体を覆う．頭部は前縁が湾入し，会合線上に3つのコブ状突起をもつ(2, 9)．前胸背板は基部が縁どられ(2-3)，大小の点刻をやや密布する(5)．小楯板は細く，基部が平行(6)．上翅間室は平坦で微小点刻を散布する(7)．〔1-4：♂，5：前胸背板，6-7：上翅，8：側縁部，9：頭部，10：♂交尾器背面，11：♂交尾器側面〕

雌雄の区別　前脛節端棘による雌雄の差はなく，交尾器で区別．

生態　放牧地などのオープンランドに生息し，新鮮な牛・シカなどの糞に集まる．平地～低山地にかけて生息し，灯火に飛来する．本州では5～6月にかけて個体数を増す．

123 ウスイロマグソコガネ　　　　　　　　　　　　　　　　　　　　　Scarabaeidae　コガネムシ科
Aphodius (*Labarrus*) *sublimbatus* Motschulsky, 1860

体長　3.5～5.5 mm　**特徴**　光沢のある黄褐色で，頭胸背は暗色部をもち，ときに全体を覆う(9-11)．頭部は前縁が湾入し，会合線上に3つのコブ状突起をもつ(2, 12)．前胸背板は基部が僅かに縁取られ，点刻を疎布する(5)．小楯板は細く，基部が平行で，中央は縦にやや窪むことが多い(6)．〔1-4：♂, 5：前胸背板, 6-7：上翅, 8：側縁部, 9-11：斑紋変異（奄美大島産）, 12：♂頭部, 13：♂交尾器背面, 14：♂交尾器側面〕

雌雄の区別　♂前胸背板は小点刻を疎布し，中央部はほぼ点刻を欠く(5)．♀前胸背板は大小の点刻を疎布する．

生態　放牧地などのオープンランドに生息し，新鮮な牛・馬・シカ・羊・山羊・犬・人などの糞に集まり，堆肥からも得られている．平地～標高1800m付近にかけての採集例があり，灯火によく飛来する．

分布	北海道	東北	東本州	伊・小	西本州	四国	九州	対馬	屋久島	ト・奄	沖縄	八重山
			東本州	伊・小	西本州	四国	九州	対馬		ト・奄		

発生	1月	2月	3月	4月	5月	6月	7月	8月	9月	10月	11月	12月
		2月	3月	4月	5月	6月	7月	8月	9月	10月	11月	

環境	草原	森林	海浜	河川敷	落葉下	その他	標高	高山	高原	平地	島嶼
	草原								高原	平地	

124 マルマグソコガネ Scarabaeidae　コガネムシ科
Mozartius jugosus (Lewis, 1895)

体長　3.9〜4.8 mm　　**特徴**　赤褐〜暗褐色で，上翅の光沢はやや鈍い．頭部は中央がやや隆まり，頭楯前角は歯状の小突起をもち(5)，頬は突出する．前胸背板は一様に大小の点刻を散布し(8)，毛は外縁部のみ．上翅間室は隆起し稜状．条溝内の点刻は幅広く明瞭な鎖状(9)．上翅は癒合し，後翅は退化する．後フ節第1節は端棘の1.5倍．〔1-4：♂，5：頭部，6：♂前脛節，7：♀前脛節，8：前胸背板，9：上翅，10：側縁部，11：♂交尾器背面，12：♂交尾器側面〕

雌雄の区別　♂前脛節端棘は，先端が内側に曲がり(6)，♀では直線状(7)．♂中脛節下端棘は太短い．

生態　冬季に出現し，照葉樹林内の崖などに開いたネズミ等の坑道入口に犬糞を置くことで得られる．野性獣糞・人糞での記録もある．九州西部（佐賀・長崎・福岡・熊本の各県）と山口県で記録がある．離島は対馬と福江島に産する．

分布	北海道	東北	東本州	伊・小	西本州	四国	九州	対馬	屋久島	ト・奄	沖縄	八重山
発生	1月	2月	3月	4月	5月	6月	7月	8月	9月	10月	11月	12月
環境	草原	森林	海浜	河川敷	落葉下	その他	標高	高山	高原	平地	島嶼	

55　★★★★

125 キュウシュウマルマグソコガネ　　　　　　　　　　　　　　　Scarabaeidae　コガネムシ科
Mozartius kyushuensis Ochi, Kawahara et Kawai, 2002

体長　4.2〜5.2 mm　**特徴**　光沢のある赤褐〜暗褐色．次種に似るが，頭部の横隆起は明瞭でほぼ連続し，中央の隆まりは後方が縦シワ状で，不明瞭な微小点刻を疎布(5)．前胸背板は次種2亜種と比べ膨隆が弱く，凹凸が強い(2)．上翅第3, 5間室は基部で強く膨隆する(2)．後翅は退化する．次種と極めて似るため今後再検討が必要．〔1-4：♂，5：頭部，6：♂前脛節，7：♀前脛節，8：前胸背板，9：上翅，10：側縁部，11：後翅，12：♂交尾器背面，13：♂交尾器側面〕

雌雄の区別　♂前脛節端棘は，先端が内側に湾曲し(6)，♀では直線状(7)．♂中脛節下端棘は太短い．

生態　林縁や尾根筋の切通しや崖に開いたネズミなどの坑道入口に犬糞などを仕掛けることにより得られる．11月下旬頃より出現し真冬に発生のピークを迎え，5〜6月には姿を消す．九州東部（大分県・宮崎県）で記録されている．

分布	北海道	東北	東本州	伊・小	西本州	四国	九州	対馬	屋久島	ト・奄	沖縄	八重山
							九州					

発生	1月	2月	3月	4月	5月	6月	7月	8月	9月	10月	11月	12月
	1月	2月									11月	12月

環境	草原	森林	海浜	河川敷	落葉下	その他	標高	高山	高原	平地	島嶼
		森林								平地	

★★★★

126-1　ダルママグソコガネ　原名亜種
Mozartius testaceus testaceus Nomura et Nakane, 1951　　　　　Scarabaeidae　コガネムシ科

体長　5.2〜5.4 mm　**特徴**　光沢のある赤褐〜暗褐色．頭部前縁は湾入し，その両側は角張り上反する．頭楯はやや不明瞭な横隆起をもち(5)，中央は隆まり(2)，その隆まりは明瞭な微小点刻をやや密布．前胸背板は一様に膨隆する．上翅条溝内の点刻は鎖状でやや幅が狭い(9)．後翅は退化する．後フ節1節は端棘よりわずかに長い．〔1-3：♀，4：♂，5：頭部，6：♂前脛節，7：♀前脛節，8：前胸背板，9：上翅，10：側縁部，11：♂交尾器背面，12：♂交尾器側面〕

雌雄の区別　♂前脛節端棘は，先端が内側に曲がり(6)，♀では直線状(7)．♂中脛節下端棘は太短い．

生態　採集例は落葉下，洞窟，河川敷，側溝など様々であるが，モグラやネズミ等の地下性動物の糞をホストにしている可能性が高い．千葉県から広島県まで記録があるが産地は極めて局地的で，生態は場所により異なる可能性もある．

分布	北海道	東北	東本州	伊・小	西本州	四国	九州	対馬	屋久島	ト・奄	沖縄	八重山
			■		■							

発生	1月	2月	3月	4月	5月	6月	7月	8月	9月	10月	11月	12月
			■	■	■					■	■	

環境	草原	森林	海浜	河川敷	落葉下	その他	標高	高山	高原	平地	島嶼
		■		■	■					■	

55　★★★★★

126-2　ダルママグソコガネ　四国亜種　　　　　　　　　　　　　　　　　Scarabaeidae　コガネムシ科
Mozartius testaceus shikokuensis (Masumoto, 1984)

体長　3.8～5.0 mm　特徴　原名亜種と比べ，小型．頭部の横隆起はやや不明瞭で，中央の隆まりは前方が横シワ状となり，不明瞭な微小点刻を散布(5)．前胸背板の膨隆は弱く，中央に1対の融合した不規則な縦隆起をもつ(2)．上翅の第3, 5間室は基部で強く膨隆する(2)．後翅は退化する．被検標本が少なく，今後比較検討の必要がある．〔1-4：♂，5：頭部，6：♂前脛節，7：♀前脛節，8：前胸背板，9：上翅，10：側縁部，11：♂交尾器背面，12：♂交尾器側面〕

雌雄の区別　♂前脛節端棘は，先端が内側に曲がり(6)，♀では直線状(7)．♂中脛節下端棘は太短い．

生態　愛媛県の洞窟で発見され，その後記録がほとんどなかったが，ネズミ等の坑道トラップで少ないながら得られている．分布域は広いが局地的で，次種の多い香川県では今のところ得られていない．

127-1　ウエノマルマグソコガネ　原名亜種　　　　　　　　　　　　　　　　Scarabaeidae　コガネムシ科
Mozartius uenoi uenoi **Masumoto, 1984**

体長　2.5～3.6 mm　　**特徴**　透明感のある褐色．頭部は隆起がなく平坦で(5)，前胸背板は中央に縦溝をもち，粗い点刻をやや密布する(8)．肩歯は明瞭で，後翅は退化する．一見チドリムネミゾマグソコガネやコスジマグソコガネに似るが，本属の特徴である前胸背板側縁が鋸歯状になる点で区別できる(10)．〔1-4：♂, 5：頭部, 6：♂前脛節, 7：♀前脛節, 8：前胸背板, 9：上翅, 10：側縁部, 11：♂交尾器背面, 12：♂交尾器側面〕

雌雄の区別　♂前脛節端棘は，先端が内側に曲がり(6)，♀では直線状(7)．♂中脛節下端棘は太短い．

生態　洞窟で発見され採集例の極めて少ない種であったが，ネズミ等の坑道に糞を仕掛ける方法で採集が可能となり，四国では低地から1000m以上の標高まで広く分布することが判明した．

127-2 ウエノマルマグソコガネ 九州亜種　　　　　　　　　　　　　　　　　Scarabaeidae　コガネムシ科
Mozartius uenoi hadai Kawai, 2003

体長　2.6〜3.6 mm　**特徴**　光沢の強い暗褐色. 頭部は隆起がなく平坦で(5), 前胸背板は中央に縦溝をもち, 粗い点刻を散布する(7). 肩歯は明瞭で, 後翅は退化する. 原名亜種に比べ体色が暗い個体が多く, 前胸背板の大点刻はより疎らで, 小楯板は小さくなる. 〔1-4：♂, 5：頭部, 6：♂前脛節, 7：♀前脛節, 8：前胸背板, 9：上翅, 10：側縁部, 11：♂交尾器背面, 12：♂交尾器側面 (4, 7, 11-12以外holotype)〕

雌雄の区別　♂前脛節端棘は, 先端が内側に曲がり(6), ♀では直線状(7). ♂中脛節下端棘は太短い.

生態　原名亜種同様ネズミ等の坑道入口に犬糞などを仕掛けることによって得られ, 地下に生息するネズミやモグラなどの排泄物をホストにしている可能性がある. 現在のところ, 大分県および福岡県からのみ知られ生息地は局地的.

分布	北海道	東北	東本州	伊・小	西本州	四国	九州	対馬	屋久島	ト・奄	沖縄	八重山
発生	1月	2月	3月	4月	5月	6月	7月	8月	9月	10月	11月	12月
環境	草原	森林	海浜	河川敷	落葉下	その他	標高	高山	高原	平地	島嶼	

128 チドリムネミゾマグソコガネ
Oxyomus ishidai Nakane, 1977

Scarabaeidae　コガネムシ科

体長　2.8～3.4 mm　　**特徴**　黒褐色．頭部は点刻を密布する(9)．前胸背板は粗大点刻を密布し，中央に縦溝をもつ(2)．上翅は間室が平圧されその両側は膨隆し，丸い大きな点刻を2列もつ(6-7)．肩歯をもつ(8)．〔1-4：全形図，5：前胸背板，6-7：上翅，8：側縁部，9：頭部，10：♂交尾器背面，11：♂交尾器側面〕

雌雄の区別　交尾器で区別．

生態　林内の湿気のある古いシカ糞から見つかることが多く，カモシカ・サル・イノシシ・人などの糞にも集まる．古くなった獣糞下の土壌からツルグレン法により多数の個体が抽出された例もある．産地は比較的局所的で，チャグロマグソコガネやミゾムネマグソコガネと混生している産地もある．早春に個体数を増す．

分布	北海道	東北	東本州	伊・小	西本州	四国	九州	対馬	屋久島	ト・奄	沖縄	八重山
			■		■	■						

発生	1月	2月	3月	4月	5月	6月	7月	8月	9月	10月	11月	12月
			■	■	■	■	■					

環境	草原	森林	海浜	河川敷	落葉下	その他	標高	高山	高原	平地	島嶼
		■							■		

56　★★

129 クロツツマグソコガネ　　　　　　　　　　　　　　　　　　　Scarabaeidae　コガネムシ科
***Saprosites japonicus* Waterhouse, 1875**

体長　3.3〜4.1 mm　**特徴**　光沢のある黒色で，ときに濃赤褐色．頭部前縁は湾入し，点刻を密布する(11)．前胸背板は前角内側のみ窪み(3)，外縁は後角の湾入部〜基部まで弱い鋸歯状(2)．上翅条溝は深く，条溝内の点刻は大きい．間室はやや膨隆する(6-7)．肩歯をもつ(8)．〔1-4：全形図，5：前胸背板，6-7：上翅，8：側縁部，9：前脛節，10：後脛節，11：頭部，12：♂交尾器背面，13：♂交尾器側面〕

雌雄の区別　交尾器で区別．

生態　枯れた広葉樹や針葉樹の樹皮下から見つかることが多く，落葉下からも得られている．また，犬糞・腐敗動物質・PTからも見つかり食性は幅広い．低山地での採集例が多く，西日本の記録が多い．

分布	北海道	東北	東本州	伊・小	西本州	四国	九州	対馬	屋久島	ト・奄	沖縄	八重山
発生	1月	2月	3月	4月	5月	6月	7月	8月	9月	10月	11月	12月
環境	草原	森林	海浜	河川敷	落葉下	その他	標高	高山	高原	平地	島嶼	

130　ヒメツツマグソコガネ　　　　　　　　　　　　　　　　　　　　Scarabaeidae　コガネムシ科
Saprosites narae Lewis, 1895

体長　2.5～3.4 mm　　**特徴**　光沢のある濃赤褐色．前種に似るがやや小型で，頭部は前縁の湾入はやや弱く，頬がやや突出する(11)．前胸背板は中央に浅い縦溝をもち(2)，両側の中央が斜めに窪み(3)，外縁は両側前側中央～基部まで弱い鋸歯状(2)．肩歯をもつ(8)．〔1-4：全形図，5：前胸背板，6-7：上翅，8：側縁部，9：前脛節，10：後脛節，11：頭部，12：♂交尾器背面，13：♂交尾器側面〕

雌雄の区別　交尾器で区別．

生態　広葉樹の朽木樹皮下から見つかることが多い．前種と混生する産地があり，同じ材から得られることもある．また，沖縄本島ではダルマコガネと混生していた例がある．産地としては奈良県春日山が有名．

分布	北海道	東北	東本州	伊・小	西本州	四国	九州	対馬	屋久島	ト・奄	沖縄	八重山
			■							■	■	

発生	1月	2月	3月	4月	5月	6月	7月	8月	9月	10月	11月	12月

環境	草原	森林	海浜	河川敷	落葉下	その他	標高	高山	高原	平地	島嶼
						■				■	

56　★★★

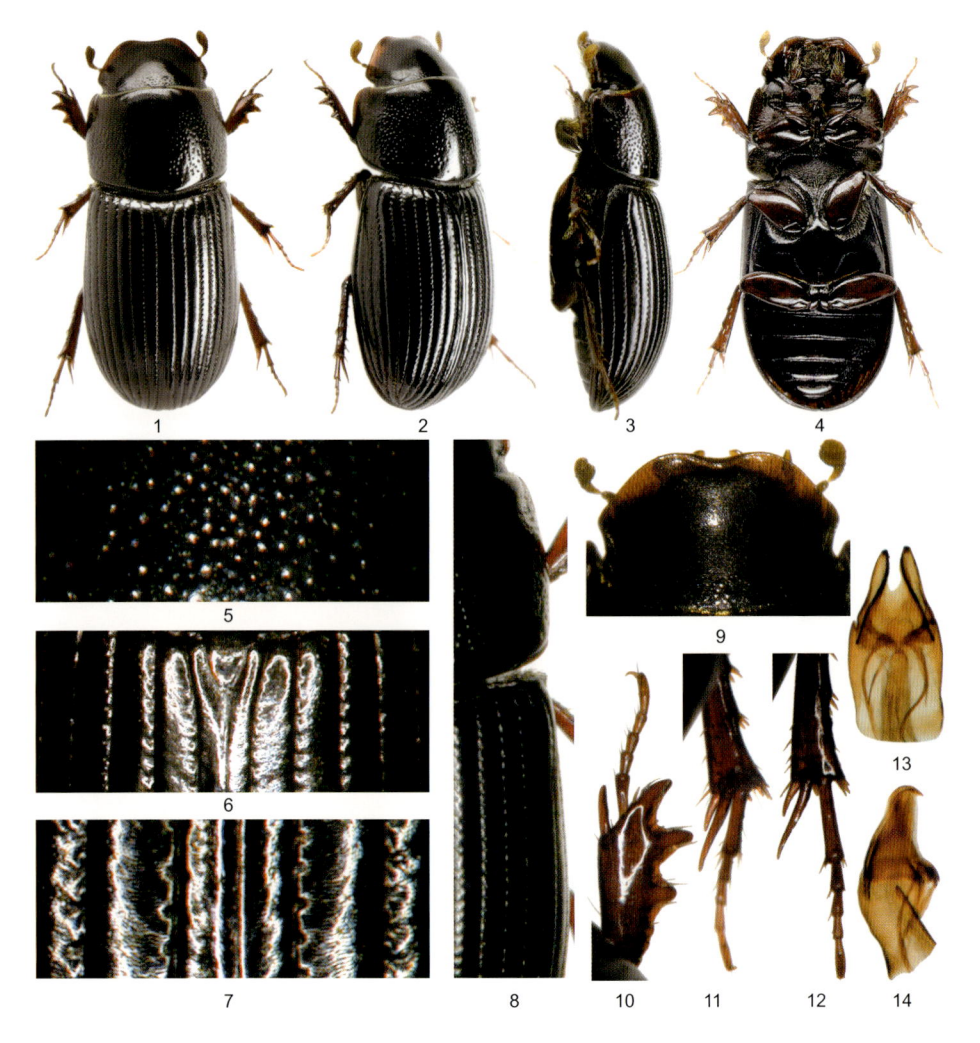

131　オオニセツツマグソコガネ　　　　　　　　　　　　　　　　　　　　　Scarabaeidae　コガネムシ科
Ataenius australasiae (Bohemann, 1858)

体長　4.3〜5.1 mm　**特徴**　光沢のある黒色．頭部は微小点刻を散布し，中央前方が強く傾斜する(9)．前胸背板は大小の点刻を疎らに散布する(5)．上翅条溝内の点刻は横長で間室にはみ出し，間室は微細印刻で覆われ，微小点刻を僅かに疎布する(6-7)．肩歯をもつ(8)．〔1-4：全形図，5：前胸背板，6-7：上翅，8：側縁部，9：頭部，10：前脛節，11：中脛節，12：後脛節，13：♂交尾器背面，14：♂交尾器側面（すべて石垣島産）〕

雌雄の区別　交尾器で区別．

生態　*Ataenius*属は一般的に土中・朽木・堆肥など様々な環境から発生するが，成虫の生態については不明な点が多い．主に灯火で得られている．沖縄県に広く分布しているが，近年九州地方・本州の岐阜県で記録された．

分布	北海道	東北	東本州	伊・小	西本州	四国	九州	対馬	屋久島	ト・奄	沖縄	八重山

発生	1月	2月	3月	4月	5月	6月	7月	8月	9月	10月	11月	12月

環境	草原	森林	海浜	河川敷	落葉下	その他	標高	高山	高原	平地	島嶼

56　★★★

132 ナンヨウニセツツマグソコガネ　　　　　　　　　　　　　　　　　　　　　　　　Scarabaeidae　コガネムシ科
Ataenius pacificus (Sharp, 1879)

体長　3.2〜3.5 mm　　**特徴**　黒褐色．頭部前縁は湾入し，その両側は尖り(2)，頬はよく突出する．頭部・前胸背板ともに粗大点刻を密布する(5, 9)．上翅間室は強く膨隆し(2)，毛を有する1列の顆粒をもつ(6-7)．肩歯をもつ(8)．〔1-4：全形図，5：前胸背板，6-7：上翅，8：側縁部，9：頭部，10：前脛節，11：中脛節，12：後脛節，13：♂交尾器背面，14：♂交尾器側面（すべて父島産）〕

雌雄の区別　交尾器で区別．

生態　*Ataenius*属であるが砂地から見つかることが多く，海岸植物の根際や林縁部の落葉下で得られる．灯火によく飛来する．ヒメケシマグソコガネと同じような，植物の根際などの生息環境で得られている．

分布	北海道	東北	東本州	伊・小	西本州	四国	九州	対馬	屋久島	ト・奄	沖縄	八重山
発生	1月	2月	3月	4月	5月	6月	7月	8月	9月	10月	11月	12月
環境	草原	森林	海浜	河川敷	落葉下	その他	標高	高山	高原	平地	島嶼	

57 ★★★★

133　ヤエヤマニセツツマグソコガネ　　　　　　　　　　　　　　　　Scarabaeidae　コガネムシ科
Ataenius picinus **Harold, 1867**

体長　4.4〜5.7 mm　　**特徴**　光沢のある黒色．オオニセツツマグソコガネに似るが，背部は扁平で，膨隆が弱い(3)．頭楯は横シワ状の顆粒をもつ(9)．前胸背板は大小の点刻をより密布する(5)．上翅間室は平滑で，微細印刻に覆われない(6-7)．肩歯をもつ(8)．〔1-4：全形図，5：前胸背板，6-7：上翅，8：側縁部，9：頭部，10：前脛節，11：中脛節，12：後脛節，13：♂交尾器背面，14：♂交尾器側面（すべて石垣島産）〕

雌雄の区別　交尾器で区別．

生態　オオニセツツマグソコガネと同様な生息環境で混生して見つかることが多いが，近年本種が優占して得られる例が増化してきている．灯火によく飛来するが，新鮮な牛糞で多数の成虫が確認された例もある．

分布	北海道	東北	東本州	伊・小	西本州	四国	九州	対馬	屋久島	ト・奄	沖縄	八重山
												●

発生	1月	2月	3月	4月	5月	6月	7月	8月	9月	10月	11月	12月
	●	●	●	●	●	●	●	●	●	●		

環境	草原	森林	海浜	河川敷	落葉下	その他	標高	高山	高原	平地	島嶼
						●					●

57　★★

134 フトツマグソコガネ

Scarabaeidae コガネムシ科

Setylaides foveatus (Ad. Schmidt, 1909)

体長 4.0〜5.2 mm　**特徴** 光沢の鈍い黒色であるが，前胸背板は光沢がある．頭部は頭楯に横長の窪みをもち(1)，中央は隆まり前方に傾斜する(2)．前胸背板は点刻が中央後方で粗く(5)，両側に斜めの窪みをもつ(2)．上翅条溝は細く，条溝内の丸い点刻は間室にはみ出す(6-7)．前脛節先端は裁断状(10)．〔1-4：全形図，5：前胸背板，6-7：上翅，8：側縁部，9：頭部，10：前脛節，11：中脛節，12：後脛節，13：♂交尾器背面，14：♂交尾器側面（すべて奄美大島産）〕

雌雄の区別　交尾器で区別．

生態　朽木のフレーク状となったところから見つかることが多く，ダルマコガネやマンマルコガネと混生していた例もある．動きは鈍く，灯火に飛来する．対馬・奄美大島・徳之島・石垣島・西表島などから知られている．

分布	北海道	東北	東本州	伊・小	西本州	四国	九州	対馬	屋久島	ト・奄	沖縄	八重山
発生	1月	2月	3月	4月	5月	6月	7月	8月	9月	10月	11月	12月
環境	草原	森林	海浜	河川敷	落葉下	その他	標高	高山	高原	平地	島嶼	

57 ★★★

135 アイヌケシマグソコガネ　　　　　　　　　　　　　　　　　Scarabaeidae　コガネムシ科
Petrovitzius ainu (Lewis, 1895)

体長　2.0〜3.1 mm　　**特徴**　小型で光沢が鈍い黒〜黒褐色．前胸背板の横隆起は中央の縦溝で分断されることが多い(5)．上翅の条溝は幅広く，明瞭で大きな点刻をそなえ，間室は稜状に隆まる(7)．肩歯は小さいが明瞭．タイケシマグソコガネに体型が似るが，より小型で分布域が異なることから区別は容易．〔1-4：全形図，5：前胸背板，6-7：上翅，8：側縁部，9：前脛節，10：後脛節，11：頭部，12：♂交尾器背面，13：♂交尾器側面〕

雌雄の区別　交尾器で区別．

生態　内陸部〜海岸までの，河川敷や海浜砂丘，畑地に生息し，イネ科などの植物の根際や，堆積した落葉下，漂着物下などで見られる．また灯火にも飛来する．

136　タイケシマグソコガネ　　　　　　　　　　　　　　　　　　　　　　　　Scarabaeidae　コガネムシ科
Petrovitzius thailandicus (Balthasar, 1965)

体長　2.7〜3.3 mm　　**特徴**　前種に似るがより大型で，より光沢のある黒〜黒褐色．前胸背板の横隆起は中央の縦溝で分断されることが多い(5)．上翅の条溝や点刻は前種ほど明瞭ではない(7)．肩歯は小さく不明瞭．〔1-4：全形図，5：前胸背板，6-7：上翅，8：側縁部，9：前脛節，10：後脛節，11：頭部，12：♂交尾器背面，13：♂交尾器側面（すべて対馬産）〕

雌雄の区別　交尾器で区別．

生態　主に海岸の砂地の植物の根際などに生息し，沖縄島や奄美大島ではサキシマケシマグソと同所的に年間を通して見られるが，時期によって個体数が増減するため，発生時期を変えて棲み分けている可能性がある．日本産は基産地個体との比較検討が必要．

分布	北海道	東北	東本州	伊・小	西本州	四国	九州	対馬	屋久島	ト・奄	沖縄	八重山
								対馬		ト・奄	沖縄	

発生	1月	2月	3月	4月	5月	6月	7月	8月	9月	10月	11月	12月
	1月	2月	3月	4月	5月	6月	7月	8月	9月	10月	11月	12月

環境	草原	森林	海浜	河川敷	落葉下	その他	標高	高山	高原	平地	島嶼
			海浜								島嶼

137 セマルケシマグソコガネ　　　　　　　　　　　　　　　　　　　Scarabaeidae　コガネムシ科
Psammodius convexus Waterhouse, 1875

体長　2.2〜3.3 mm　　**特徴**　光沢の強い赤褐〜黒褐色. 前胸背板の横隆起は基方の2条が中央の縦溝で分断されることが多い(5). 上翅条溝は細く, 条溝内の点刻は弱く, 間室は幅広い(7). 肩歯を欠く. 〔1-4：全形図, 5：前胸背板, 6-7：上翅, 8：側縁部, 9：前脛節, 10：後脛節, 11：頭部, 12：♂交尾器背面, 13：♂交尾器側面〕

雌雄の区別　交尾器で区別.

生態　内陸部〜海岸までの, 河川敷や海浜砂丘, 芝地に生息し, イネ科などの植物の根際や, 堆積した落葉下, 漂着物下などで見られる. また灯火にも飛来する. 内陸部の河川敷で得られる個体と海岸の砂浜で得られる個体に体型の違いが見られるなど, 変異についての今後の研究が期待される.

分布	北海道	東北	東本州	伊・小	西本州	四国	九州	対馬	屋久島	ト・奄	沖縄	八重山
	北海道	東北	東本州		西本州	四国	九州					

発生	1月	2月	3月	4月	5月	6月	7月	8月	9月	10月	11月	12月
	1月	2月	3月	4月	5月	6月	7月	8月	9月	10月	11月	12月

環境	草原	森林	海浜	河川敷	落葉下	その他	標高	高山	高原	平地	島嶼
			海浜	河川敷						平地	

138 サキシマケシマグソコガネ　　　　　　　　　　　　　　　　　　　　　Scarabaeidae　コガネムシ科
Psammodius kondoi Masumoto, 1984

体長　2.7〜3.3 mm　**特徴**　光沢の強い赤褐色．前胸背板の横隆起は基方の2〜3条が中央の縦溝で分断されることが多い(5)．上翅条溝は細く点刻は弱く，間室は幅広い(7)．肩歯を欠く．後翅は退化する．〔1-4：全形図，5：前胸背板，6-7：上翅，8：側縁部，9：後翅，10：前脛節，11：後脛節，12：頭部，13：♂交尾器背面，14：♂交尾器側面（すべて石垣島産）〕

雌雄の区別　交尾器で区別．

生態　海岸の砂地の植物の根際などに生息し，沖縄島や奄美大島ではタイケシマグソコガネと同所的に年間を通して見られるが，時期によって個体数が増減するため，発生時期を変えて棲み分けている可能性がある．粒度の細かい砂地を好む．

分布	北海道	東北	東本州	伊・小	西本州	四国	九州	対馬	屋久島	ト・奄	沖縄	八重山
										●	●	●

発生	1月	2月	3月	4月	5月	6月	7月	8月	9月	10月	11月	12月
	●	●	●	●	●	●	●	●	●	●	●	●

環境	草原	森林	海浜	河川敷	落葉下	その他	標高	高山	高原	平地	島嶼
			●								●

58　★★

139 ヤマトケシマグソコガネ　　　　　　　　　　　　　　Scarabaeidae　コガネムシ科
***Leiopsammodius japonicus* (Harold, 1878)**

体長　3.5〜4.7 mm　　**特徴**　光沢の強い黒色で，大型．前胸背板は強い点刻を疎らに散布し，側縁の刺毛を欠く(5)．上翅条溝は細く，間室は幅広い(6)．肩歯を欠く．〔1-4：全形図，5：前胸背板，6：上翅，7：側縁部，8：前脛節，9：後脛節，10：頭部，11：♂交尾器背面，12：♂交尾器側面〕

雌雄の区別　交尾器で区別．

生態　海浜の砂地に生息し，他のケシマグソコガネ類とは微環境で棲み分けており，植物の根際の篩いで得られることはあまりなく，海草や流木，漂着物下から見出されることが多い．また，4〜5月頃の気温の高い日に群飛することがある．

分布	北海道	東北	東本州	伊・小	西本州	四国	九州	対馬	屋久島	ト・奄	沖縄	八重山
			■		■	■	■					

発生	1月	2月	3月	4月	5月	6月	7月	8月	9月	10月	11月	12月
			■	■	■							

環境	草原	森林	海浜	河川敷	落葉下	その他	標高	高山	高原	平地	島嶼
			■							■	

58　★★

140 ホソケシマグソコガネ　　　　　　　　　　　　　　　　　　　　　Scarabaeidae　コガネムシ科
Trichiorhyssemus asperulus (Waterhouse, 1875)

体長　3.0〜3.6 mm　　**特徴**　光沢のない黒〜黒褐色で，表面に灰白色の物質が付着していることが多い．前胸背板の横隆起は基方の2条が中央の縦溝で分断されることが多い(5)．上翅の間室には顆粒をそなえ，刺毛を列生する(6)．肩歯は明瞭．〔1-4：全形図，5：前胸背板，6：上翅，7：側縁部，8：前脛節，9：後脛節，10：頭部，11：後腿節，12：♂交尾器背面，13：♂交尾器側面〕

雌雄の区別　交尾器で区別．

生態　内陸部〜海岸までの，河川敷や海浜砂丘，芝地に生息し，イネ科などの植物の根際や，堆積した落葉下，漂着物下などで見られる．また灯火にも飛来する他，糞や腐敗物へ集まることもある．

分布	北海道	東北	東本州	伊・小	西本州	四国	九州	対馬	屋久島	ト・奄	沖縄	八重山
	北海道	東北	東本州		西本州	四国	九州					

発生	1月	2月	3月	4月	5月	6月	7月	8月	9月	10月	11月	12月

環境	草原	森林	海浜	河川敷	落葉下	その他	標高	高山	高原	平地	島嶼

59 ★

141 キタヤマホソケシマグソコガネ

Scarabaeidae コガネムシ科

Trichiorhyssemus kitayamai Ochi, Kawahara et Kawai, 2001

体長 3.2〜3.5 mm **特徴** 前種に似るが，前胸背板後角が強く湾入しない点や(5)，上翅間室の顆粒は基部では粗大で，中央後方で不明瞭な点，中・後腿節基半部の大部分がほぼ無点刻である点，♂交尾器などで区別できる．肩歯は明瞭．〔1-4：全形図，5：前胸背板，6：上翅，7：側縁部，8：前脛節，9：後脛節，10：頭部，11：後腿節，12：♂交尾器背面，13：♂交尾器側面 (1-11：瀬長島産，12-13：瀬底島産)〕

雌雄の区別 交尾器で区別．

生態 海浜の砂地に生息するが，ホソケシマグソコガネと異なり植物の根際にはほとんどおらず，灯火に誘引されたり流木下から見出されるが，個体数は少ない．また，内陸からも得られたことがある．

分布	北海道	東北	東本州	伊・小	西本州	四国	九州	対馬	屋久島	ト・奄	沖縄	八重山
発生	1月	2月	3月	4月	5月	6月	7月	8月	9月	10月	11月	12月
環境	草原	森林	海浜	河川敷	落葉下	その他	標高	高山	高原	平地	島嶼	

142　ヒメケシマグソコガネ　　　　　　　　　　　　　　　　　　　　　　　　Scarabaeidae　コガネムシ科
***Neotrichiorhyssemus esakii* (Nomura, 1943)**

体長　3.4〜3.8 mm　　**特徴**　光沢のない黒〜黒褐色で，表面に灰白色の物質が付着していることが多い．前胸背板の横隆起は前2種に比べより明瞭で(5)，上翅の間室の顆粒は不明瞭でつながる(6)．肩歯は明瞭．〔1-4：全形図，5：前胸背板，6：上翅，7：側縁部，8：前脛節，9：後脛節，10：頭部，11：後脛節，12：♂交尾器背面，13：♂交尾器側面（すべて硫黄島産）〕

雌雄の区別　交尾器で区別．

生態　海浜の砂地に生息し，植物の根際に生息する．小笠原諸島（父島・母島）と硫黄諸島から記録がある．砂篩いでは多数得難いが，多くの個体が灯火に集まったり群飛したりする例があることから，生息数は多いものと思われる．

分布	北海道	東北	東本州	伊・小	西本州	四国	九州	対馬	屋久島	ト・奄	沖縄	八重山
				●								

発生	1月	2月	3月	4月	5月	6月	7月	8月	9月	10月	11月	12月

環境	草原	森林	海浜	河川敷	落葉下	その他	標高	高山	高地	平地	島嶼
			●								●

59 ★★★

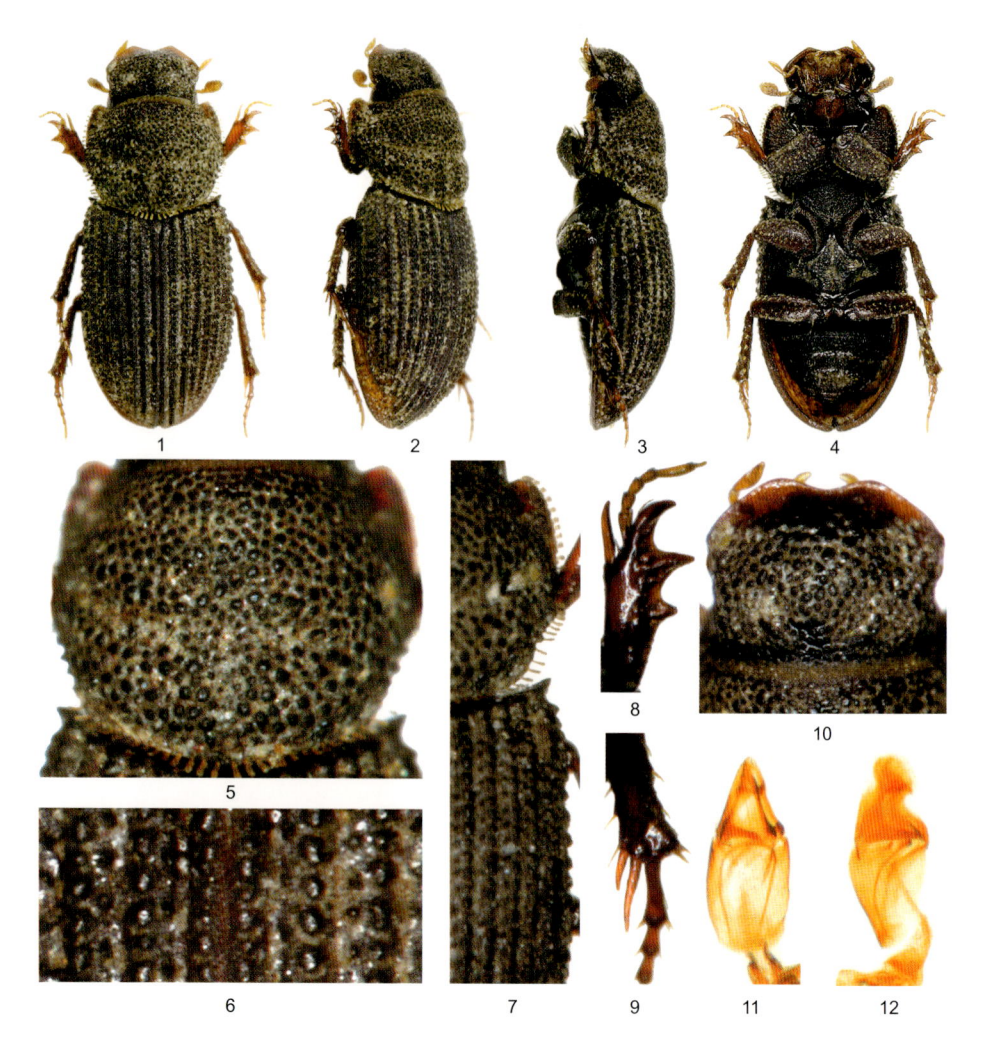

143 コケシマグソコガネ　　　　　　　　　　　　　　　　Scarabaeidae　コガネムシ科
Myrhessus samurai (Balthasar, 1941)

体長　2.9〜3.5 mm　　**特徴**　光沢のない黒〜黒褐色で，表面に灰白色の物質が付着していることが多い．前胸背板には大きな1条の横溝をそなえ(5)，側縁・後縁には太い刺毛を列生する(5, 7)．上翅の間室の顆粒は大きくコブ状で，刺毛を欠く(6)．肩歯は明瞭．〔1-4：全形図，5：前胸背板，6：上翅，7：側縁部，8：前脛節，9：後脛節，10：頭部，11：♂交尾器背面，12：♂交尾器側面〕

雌雄の区別　交尾器で区別．

生態　公園やゴルフ場などの芝生や河川敷などの草地に生息する．灯火に集まる他，刈った芝を集積した周辺での群飛が観察されている．芝生の移植で分布を拡大するため，どこで採れても不思議ではない．

分布	北海道	東北	東本州	伊・小	西本州	四国	九州	対馬	屋久島	ト・奄	沖縄	八重山
		■	■	■	■	■						

発生	1月	2月	3月	4月	5月	6月	7月	8月	9月	10月	11月	12月
			■	■	■	■	■	■	■	■	■	

環境	草原	森林	海浜	河川敷	落葉下	その他	標高	高山	高原	平地	島嶼
				■						■	

60　★★★

144 スジケシマグソコガネ　　　　　　　　　　　　　　　　　　　　　　　　Scarabaeidae　コガネムシ科
Odochilus (Parodochilus) convexus Nomura, 1971

体長　2.6〜3.0 mm　　**特徴**　光沢の弱い暗赤褐〜黒褐色．前胸背板及び上翅の隆起は明瞭(5-6)．前胸背板は隆起が特徴的で，前角は平たく張り出す(11)．日本産の本属は本種のみで，近似の種はなく同定は容易．〔1-4：♂，5：前胸背板，6：上翅，7：頭部，8：♂前脛節，9：♂中脛節，10：♂後脛節，11：側縁部，12：♂交尾器背面，13：♂交尾器側面（すべて石垣島産）〕

雌雄の区別　交尾器で区別．

生態　海岸の砂地に生息するが，やや暗い内陸の林縁〜林内のイネ科植物などの根際や落葉下を好む．現在のところ石垣島と西表島のみから記録されているが，産地は極めて局地的．冬〜春先にかけて個体数を増す．

分布	北海道	東北	東本州	伊・小	西本州	四国	九州	対馬	屋久島	ト・奄	沖縄	八重山
												■

発生	1月	2月	3月	4月	5月	6月	7月	8月	9月	10月	11月	12月
	■	■	■							■	■	■

環境	草原	森林	海浜	河川敷	落葉下	その他	標高	高山	高原	平地	島嶼
			■								■

60　★★★★

145　セスジカクマグソコガネ　原名亜種　　　　　　　　　　　　　　　Scarabaeidae　コガネムシ科
Rhyparus azumai azumai Nakane, 1956

体長　5.0〜6.5 mm　**特徴**　光沢のない黒褐色で，後2種より大型．前胸背板は中央縦溝間の粗大点刻は後方でも密で(5)，前角は角張り突出する(1)．上翅間室は幅広く，2列の点刻列をもつ(6)．〔1-4：♂，5：前胸背板，6：上翅，7：♂前脛節，8：♀前脛節，9：♂中脛節，10：♀中脛節，11：♂後脛節，12：♀後脛節，13：頭部，14：♂交尾器背面，15：♂交尾器側面〕

雌雄の区別　♂は前脛節の外歯はやや小さく(7)，中・後脛節先端部の内側は突出する(9, 11)．

生態　生態や生息環境は不明で，灯火によく飛来する．平地〜標高1000m以上の高原まで広く生息し，広域分布種で関西以西の記録は多いが，東本州の記録は少ない．

分布	北海道	東北	東本州	伊・小	西本州	四国	九州	対馬	屋久島	ト・奄	沖縄	八重山
発生	1月	2月	3月	4月	5月	6月	7月	8月	9月	10月	11月	12月
環境	草原	森林	海浜	河川敷	落葉下	その他	標高	高山	高原	平地	島嶼	

146　ヒメセスジカクマグソコガネ　　　　　　　　　　　　　　　　　　　　　　Scarabaeidae　コガネムシ科
Rhyparus helophoroides Fairmaire, 1893

体長　3.5〜4.0 mm　　**特徴**　光沢のない黒褐色. 前胸背板は中央縦隆起間の大小の点刻は後方で疎となり, 中央のやや後方と基部に1対ずつ粗大点刻をもつ(5). 上翅は第2間室の幅が中央部で狭まり, 間室の点刻は丸い(6). 〔1-4：♂, 5：前胸背板, 6：上翅, 7：♂前脛節, 8：♀前脛節, 9：♂中脛節, 10：♀中脛節, 11：♂後脛節, 12：♀後脛節, 13：頭部, 14：♂交尾器背面, 15：♂交尾器側面 (すべて石垣島産)〕
雌雄の区別　♂は前脛節の外歯が小さく(7), 中脛節先端部の内側は突出し(9), 後脛節内側はややえぐれる(11).
生態　生態や生息環境は不明. 灯火によく飛来するが, 落葉下の篩によって得られたこともある. 琉球や九州地方からの記録が多く, 本州の産地は少ないが, 近年三重県南部では広く分布することが確認されている.

分布	北海道	東北	東本州	伊・小	西本州	四国	九州	対馬	屋久島	ト・奄	沖縄	八重山
発生	1月	2月	3月	4月	5月	6月	7月	8月	9月	10月	11月	12月
環境	草原	森林	海浜	河川敷	落葉下	その他	標高	高山	高原	平地	島嶼	

60　★★

147　キュウシュウカクマグソコガネ　原名亜種　　　　　　　　　　　　　　Scarabaeidae　コガネムシ科
Rhyparus kitanoi kitanoi Y.Miyake, 1982

体長　3.5〜4.0 mm　　**特徴**　光沢のない黒褐色．前種に似るが，前胸背板は中央縦隆起間の点刻は粗大で，後半部は中央のやや後方と基部に1対ずつ粗大点刻をもつ以外点刻を欠く(5)．上翅は第2間室の幅は第1間室と同長で，間室の点刻は丸くなく前種より粗大(6)．〔1-4：♂，5：前胸背板，6：上翅，7：♂前脛節，8：♀前脛節，9：♂中脛節，10：♀中脛節，11：♂後脛節，12：♀後脛節，13：頭部，14：♂交尾器背面，15：♂交尾器側面〕

雌雄の区別　♂は中脛節先端部の内側はやや突出する(9)．

生態　灯火に飛来する個体が得られている．分布は局所的で，前種と混生する産地は見つかっていない．九州本土では南部からの記録が多く，男女群島，福江島，トカラ列島中之島・口之島などから知られている．

分布	北海道	東北	東本州	伊・小	西本州	四国	九州	対馬	屋久島	ト・奄	沖縄	八重山
発生	1月	2月	3月	4月	5月	6月	7月	8月	9月	10月	11月	12月
環境	草原	森林	海浜	河川敷	落葉下	その他	標高	高山	高原	平地	島嶼	

148 ニセマグソコガネ　　　　　　　　　　　　　　　　　　Scarabaeidae コガネムシ科
Aegialia (*Aegialia*) *nitida* Waterhouse, 1875

体長　3.5〜4.5 mm　　**特徴**　背面は強く膨隆し，黒〜黒褐色で光沢は強い．頭部の前半は弱い顆粒状(5)．前胸背板は横長で微小点刻を散布し(6)，基部で幅広く，直線状に前方へ狭まり(8)，後縁の縁どりは中央で消失．肩歯を欠く．後脛節端棘は先端へ広がるヘラ状(10)．後翅は退化(9)．腹面は黄褐色の長毛をもつ(3-4)．〔1-4：♂，5：頭部，6：前胸背板，7：上翅，8：側縁部，9：後翅，10：後脛節，11：♂交尾器背面，12：♂交尾器側面〕

雌雄の区別　交尾器で区別．

生態　自然環境が残された良好な海岸の粒度の細かい砂地に生息．海岸草原のイネ科植物などの根際や落葉下の砂中に生息し，篩採集によって得られる．

分布	北海道	東北	東本州	伊・小	西本州	四国	九州	対馬	屋久島	ト・奄	沖縄	八重山
			●		●		●					

発生	1月	2月	3月	4月	5月	6月	7月	8月	9月	10月	11月	12月
			●	●	●	●	●		●			●

環境	草原	森林	海浜	河川敷	落葉下	その他	標高	高山	高原	平地	島嶼
			●							●	

61 ★★★

149　ナガニセマグソコガネ　　　　　　　　　　　　　　　　　　　　Scarabaeidae　コガネムシ科
***Psammoporus comis* (Lewis, 1895)**

体長　3.5〜4.0 mm　　**特徴**　背面は膨隆し，光沢のある黒〜黒褐色で，上翅会合部は赤みをおびる(7)．頭部はシワ状の顆粒をもつ(5)．前胸背板は基部両側周辺を除き大点刻を散布し(6)，後縁は弧状で，後角は広く丸まる(8)．肩歯を欠く．上翅間室はほとんど隆まらず，微小点刻を散布し，条溝内点刻は小さい(7)．〔1-4：♂，5：頭部，6：前胸背板，7：上翅，8：側縁部，9：前脛節，10：後脛節，11：♂交尾器背面，12：♂交尾器側面〕

雌雄の区別　交尾器で区別．

生態　河畔の砂地に生息．落ち葉溜りの下や植物の根際で得られることが多い．本州では山地の渓流脇の砂地に生息することが多いが，北海道では上流域から河口域まで広く生息する．気温の高い日中，飛翔することが知られている．

150　アラメニセマグソコガネ　　　　　　　　　　　　　　　　　　　　　　Scarabaeidae　コガネムシ科
***Psammoporus kamtschaticus* (Motschulsky, 1860)**

体長　3.5〜5.0 mm　　**特徴**　背面の膨隆はやや弱く，黒〜黒褐色で光沢は鈍い．頭部は強く点刻され，前半部はシワ状(5)．前胸背板は一様に微細印刻と強い大点刻を密布し(6)．後角はやや湾入し，鋸歯状(8)．肩歯をもつ．上翅間室は隆まり，条溝内は大きな点刻が連続する(7)．〔1-4：♂，5：頭部，6：前胸背板，7：上翅，8：側縁部，9：前脛節，10：後脛節，11：♂交尾器背面，12：♂交尾器側面〕

雌雄の区別　交尾器で区別．
生態　河川周辺の水はけの良い砂溜まりに生息し，落葉下などでみられる．一部で前種と混生するが，本種の方がより上流部に生息する傾向がある．気温の高い日中，活発に飛翔する．トラックトラップで得られた例がある．

151 キタアラメニセマグソコガネ   Scarabaeidae コガネムシ科
Psammoporus tsukamotoi Masumoto, 1986

体長 4.2〜4.9 mm **特徴** 背面は膨隆し，黒〜黒褐色で光沢はやや弱い．頭部は強く点刻され，前半部はシワ状(5)．前胸背板は微細印刻と強い大点刻を密布(6)．前胸背板後角はやや湾入し，弱く鋸歯状(8)．弱い肩歯をもつ．前種に比べ，上翅間室の隆まりは弱く，条溝はより小さな点刻列を有する(7)．〔1-4：♂，5：頭部，6：前胸背板，7：上翅，8：側縁部，9：前脛節，10：後脛節，11：♂交尾器背面，12：♂交尾器側面（すべて利尻島産）〕

雌雄の区別 交尾器で区別．

生態 利尻岳および大雪山の高山帯に生息する．高山風衝地の岩峰周囲の落ち葉溜まりや石下に生息している．特に高山植物上に岩が崩れ落ち，石下の植物が枯れた場所を好む．

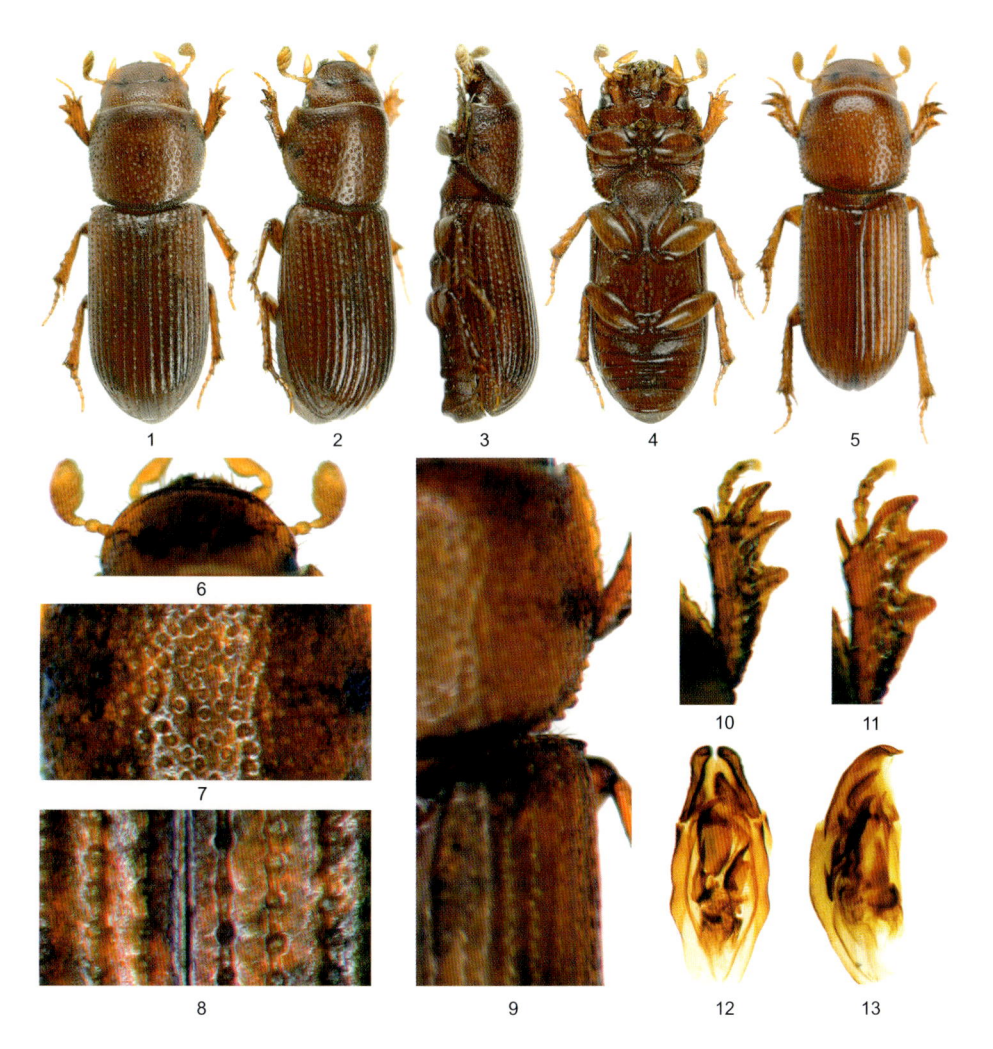

152 トゲニセマグソコガネ
Caelius denticollis Lewis, 1895

Scarabaeidae　コガネムシ科

体長　3.5〜4.0 mm　**特徴**　明るい黄褐〜赤褐色．上翅両側は直線状で，非常に細長い体型(1)．頭部前縁は上反し，弧状(6)．前胸背板両側から後角にかけて鋸歯状(9)．肩歯は明瞭(9)．上翅条溝は深く，条溝内の点刻は大きく，間室にはみ出す(8)．近似種はなく，色彩，体型等で容易に区別できる．〔1-4：♂, 5：♀, 6：頭部, 7：前胸背板, 8：上翅, 9：側縁部, 10：♂前脛節, 11：♀前脛節, 12：♂交尾器背面, 13：♂交尾器側面〕

雌雄の区別　前脛節端棘の先端が，♂は明瞭にカギ状に曲がり(10)，♀は直線状で尖る(11)．

生態　春，林間の陽だまり，粗朶（そだ）や立ち枯れの周囲を群飛した例が記録されている．倒木の周囲や内部が腐朽してウロになった立ち枯れの入口に設置したFITでも得られている．幼生期は不明．

分布	北海道	東北	東本州	伊・小	西本州	四国	九州	対馬	屋久島	ト・奄	沖縄	八重山
	北海道	東北	東本州		西本州	四国	九州					

発生	1月	2月	3月	4月	5月	6月	7月	8月	9月	10月	11月	12月
				4月	5月	6月						

環境	草原	森林	海浜	河川敷	落葉下	その他	標高	高山	高原	平地	島嶼
		森林							高原		

62　★★★★

索 引 INDEX

Family, Subfamily 科・亜科

- A -
AEGIALIINAE (ニセマグソコガネ亜科) -------------------- 175
APHODIINAE (マグソコガネ亜科) ---------------------------- 96

- B -
BOLBOCERATIDAE (ムネアカセンチコガネ科) --------------- 33

- C -
CERATOCANTHIDAE (マンマルコガネ科) ------------------- 31

- G -
GEOTRUPIDAE (センチコガネ科) ---------------------------- 38

- H -
HYBOSORIDAE (アツバコガネ科) ---------------------------- 44

- O -
OCHODAEIDAE (アカマダラセンチコガネ科) --------------- 46
OCHODAEINAE (アカマダラセンチコガネ亜科) ----------- 46

- S -
SCARABAEIDAE (コガネムシ科) ---------------------------- 50
SCARABAEINAE (タマオシコガネ亜科) --------------------- 50
SCARABAEOIDEA (コガネムシ上科) ------------------------ 16

- T -
TROGIDAE (コブスジコガネ科) ----------------------------- 16

Tribe, Subtribe 族・亜族

- A -
AEGIALIINI (ニセマグソコガネ族) -------------------------- 175
APHODIINI (マグソコガネ族) -------------------------------- 96

- C -
CANTHONINI (タマオシコガネ族) --------------------------- 50
CHROMOGEOTRUPINI (オオセンチコガネ族) ------------- 38
COPRINI (ダイコクコガネ族) -------------------------------- 54

- D -
DIALYTINI (フトツマグソコガネ族) -------------------------- 161
DICHOTOMIINI (ダルマコガネ族) ---------------------------- 53

- E -
EUPARIINI (クロツツマグソコガネ族) ------------------------ 156

- O -
OCHODAEINI (アカマダラセンチコガネ族) ----------------- 46
ODOCHILINI (スジケシマグソコガネ族) -------------------- 171
ONITICELLINI (ツノコガネ族) ------------------------------ 59
ONTHOPHAGINI (エンマコガネ族) -------------------------- 60

- P -
PSAMMODIINI (ケシマグソコガネ族) ----------------------- 162

- R -
RHYPARINI (カクマグソコガネ族) -------------------------- 172
RHYSSEMINA (コケシマグソコガネ亜族) ------------------ 170
RHYSSEMINI (ホソケシマグソコガネ族) ------------------- 167

Genus, Subgenus 属・亜属

- A -

Acanthobodilus Dellacasa, 1983 --------- 132
Acrossus Mulsant, 1842 --------- 107
Aegialia Latreille, 1807 --------- 175
Afromorgus Scholtz, 1986 --------- 30
Aganocrossus Reitter, 1895 --------- 106
Agoliinus Ad. Schmidt, 1913 --------- 139
Agrilinus Mulsant et al., [1870] --------- 133
Ammoecius Mulsant, 1842 --------- 105
Aparammoecius Petrovitz, 1958 --------- 119
Aphodaulacus Koshantshikov, 1911 --------- 114
Aphodiellus Ad. Schmidt, 1913 --------- 128
Aphodius Illiger, 1798 --------- 96
Ataenius Harold, 1867 --------- 158

- B -

Bodilus Mulsant et al., [1870] --------- 131
Bolbelasmus Boucomont, [1911] --------- 33
Bolbocerodema Nikolajev, 1973 --------- 36
Bolbocerosoma Schaeffer, 1906 --------- 36
Bolbochromus Boucomont, 1909 --------- 35
Brachiaphodius Koshantschikov, 1913 --------- 115

- C -

Caccobius Thomson, 1859 --------- 60
Caelius Lewis, 1895 --------- 179
Calamosternus Motschulsky, 1859 --------- 147
Chilothorax Motschulsky, 1859 --------- 124
Chromogeotrupes Bovo et al., 1983 --------- 38
Colobopterus Mulsant, 1842 --------- 96
Copris Müller, 1776 --------- 54

- D -

Digitonthophagus Balthasar, 1959 --------- 95

- E -

Eogeotrupes Bovo et al., 1983 --------- 41
Esymus Mulsant et al., [1870] --------- 122

- G -

Gibbonthophagus Balthasar, 1935 --------- 89

- I -

Indachorius Balthasar, 1941 --------- 71

- L -

Labarrus Mulsant et al., [1870] --------- 148
Leiopsammodius Rakovič, 1981 --------- 166
Liatongus Reitter, [1893] --------- 59

- M -

Madrasostes Paulian, 1975 --------- 31
Matashia Matsumura, 1938 --------- 86
Mozartius Nomura et al., 1951 --------- 149
Myrhessus Balthasar, 1955 --------- 170

- N -

Neotrichiorhyssemus Rakovič et al., 1997 --------- 169
Nipponoagoliinus Ochi et al., 2001 --------- 144
Nipponaphodius Nakane, 1959 --------- 118

- O -

Ochodaeus Le Peletier et al., 1828 --------- 46
Odochilus Harold, 1877 --------- 171
Omorgus Erichson, 1847 --------- 30
Onthophagus Latreille, 1802 --------- 65
Otophorus Mulsant, 1842 --------- 99
Oxyomus Stephens, 1839 --------- 155

- P -

Panelus Lewis, 1895 --------- 50
Paraphanaeomorphus Balthasar, 1959 --------- 88
Paraphytus Harold, 1877 --------- 53
Parascatonomus Paulian, 1932 --------- 76
Parodochilus Rakovič, 1997 --------- 171
Paulianellus Balthasar, 1938 --------- 113
Petrovitzius Rakovič, 1979 --------- 162
Phaeaphodius Reitter, [1892] --------- 129
Phaeochrous Castelnau, 1840 --------- 44
Phalacronothus Motschulsky, 1859 --------- 123
Phanaeomorphus Balthasar, 1935 --------- 93
Pharaphodius Reitter, [1892] --------- 103
Phelotrupes Jekel, [1866] --------- 38
Planolinus Mulsant et al., [1870] --------- 145
Pleuraphodius Ad. Schmidt, 1913 --------- 101
Psammodius Fallén, 1807 --------- 164
Psammoporus Thomson, 1863 --------- 176

- R -

Rhyparus Westwood, 1843 --------- 172

- S -

Saprosites Redtenbacher, 1858 --------- 156
Setylaides Stebnicka, 1994 --------- 161
Sinodiapterna Dellacasa, [1986] --------- 100
Stenotothorax Ad. Schmidt, 1913 --------- 102
Strandius Balthasar, 1935 --------- 72
Subrinus Mulsant et al., [1870] --------- 146

- T -

Teuchestes Mulsant, 1842 --------- 98
Trichaphodius Ad. Schmidt, 1913 --------- 116
Trichiorhyssemus Clouët, 1901 --------- 167
Trox Fabricius, 1775 --------- 16

species, subspecies 種・亜種

- A -
- acuticollis (*Onthophagus*) — 76
- acutidens (*Copris*) — 54
- ainu (*Petrovitzius*) — 162
- amamiensis (*Onthophagus*) — 89
- aokii (*Onthophagus*) — 77
- apicetinctus (*Onthophagus*) — 90
- argyropygus (*Onthophagus*) — 88
- asahinai (*Ochodaeus*) — 46
- asperulus (*Trichiorhyssemus*) — 167
- ater (*Onthophagus*) — 93
- atratus (*Aphodius*) — 107
- atripennis (*Onthophagus*) — 91
- atsushii (*Aphodius*) — 116
- auratus (*Phelotrupes*) — 38, 40
- australasiae (*Ataenius*) — 158
- azumai (*Rhyparus*) — 172

- B -
- bivertex (*Onthophagus*) — 65
- botulus (*Aphodius*) — 123
- brachypterus (*Copris*) — 55
- brachysomus (*Aphodius*) — 98
- brevis (*Caccobius*) — 60
- breviusculus (*Aphodius*) — 133

– C –
- carnarius (*Onthophagus*) — 81
- chinensis (*Omorgus*) — 30
- comatus (*Aphodius*) — 117
- comis (*Psammoporus*) — 176
- convexus (*Odochilus*) — 171
- convexus (*Psammodius*) — 164

– D –
- denticollis (*Caelius*) — 179
- dentifrons (*Paraphytus*) — 53

- E -
- eccoptus (*Aphodius*) — 115
- elegans (*Aphodius*) — 130
- emarginatus (*Phaeochrous*) — 44
- esakii (*Neotrichiorhyssemus*) — 169

- F -
- fodiens (*Onthophagus*) — 94
- foveatus (*Setylaides*) — 161
- fujiokai (*Trox*) — 23

- G -
- gazella (*Digitonthophagus*) — 95
- gibbulus (*Onthophagus*) — 66
- gotoi (*Aphodius*) — 118

- H -
- haemorrhoidalis (*Aphodius*) — 99
- hadai (*Mozartius*) — 154
- hasegawai (*Aphodius*) — 134
- helophoroides (*Rhyparus*) — 173
- hibernalis (*Aphodius*) — 102
- hisamatsui (*Madrasostes*) — 32
- horiguchii (*Trox*) — 25

- I -
- igai (*Aphodius*) — 108
- impunctatus (*Aphodius*) — 128
- interruptus (*Ochodaeus*) — 47, 48
- isaburoi (*Aphodius*) — 119
- ishidai (*Aphodius*) — 135
- ishidai (*Oxyomus*) — 155
- ishigakiensis (*Bolbelasmus*) — 33
- itoi (*Onthophagus*) — 78

- J -
- japonicus (*Aphodius*) — 109
- japonicus (*Leipsammodius*) — 166
- japonicus (*Onthophagus*) — 72
- japonicus (*Saprosites*) — 156
- jessoensis (*Caccobius*) — 61
- jugosus (*Mozartius*) — 149

- K -
- kamtschaticus (*Psammoporus*) — 177
- kazumai (*Madrasostes*) — 31, 32
- kitanoi (*Rhyparus*) — 174
- kitayamai (*Trichiorhyssemus*) — 168
- kiuchii (*Aphodius*) — 139
- kondoi (*Psammodius*) — 165
- kurosawai (*Ochodaeus*) — 48
- kyotensis (*Trox*) — 16
- kyushuensis (*Mozartius*) — 150

- L -
- laevistriatus (*Phelotrupes*) — 42
- languidulus (*Aphodius*) — 132
- lenzii (*Onthophagus*) — 73
- lewisii (*Aphodius*) — 101
- lutosopictus (*Onthophagus*) — 86

- M -
- maculatus (*Ochodaeus*) — 49
- madara (*Aphodius*) — 136
- maderi (*Aphodius*) — 113
- mandli (*Trox*) — 17
- marginellus (*Aphodius*) — 103
- matsudai (*Trox*) — 18
- matsumurai (*Trox*) — 28
- minutus (*Liatongus*) — 59
- miyakei (*Onthophagus*) — 79
- miyakoinsularis (*Onthophagus*) — 82
- mizo (*Aphodius*) — 120
- morii (*Aphodius*) — 140
- murasakianus (*Onthophagus*) — 80, 81, 82
- mutsuensis (*Trox*) — 19

– N –
- narae (*Saprosites*) — 157
- nativus (*Bolbelasmus*) — 33
- nigroplagiatum (*Bolbocerosoma*) — 36
- nigrotessellatus (*Aphodius*) — 124
- nikkoensis (*Caccobius*) — 62
- niponensis (*Trox*) — 20
- nitida (*Aegialia*) — 175
- nitidus (*Onthophagus*) — 83
- nohirai (*Trox*) — 21

- O -

ocellatopunctatus (Onthophagus) ------ 67
ochus (Copris) ------ 56
ohbayashii (Onthophagus) ------ 87
ohishii (Aphodius) ------ 125
okadai (Aphodius) ------ 126
olsoufieffi (Onthophagus) ------ 68
opacotuberculatus (Trox) ------ 22
oshimanus (Onthophagus) ------ 74
oshimanus (Phelotrupes) ------ 41
ovatus (Panelus) ------ 50

- P -

pacificus (Ataenius) ------ 159
pallidiligonis (Aphodius) ------ 121
parvulus (Panelus) ------ 51
pecuarius (Copris) ------ 57
picinus (Ataenius) ------ 160
pratensis (Aphodius) ------ 145
propraetor (Aphodius) ------ 96
punctatus (Aphodius) ------ 127
pusillus (Aphodius) ------ 122

- Q -

quadratus (Aphodius) ------ 97

- R -

rectus (Aphodius) ------ 129
ritsukoae (Aphodius) ------ 137
rufipes (Aphodius) ------ 110
rufulus (Panelus) ------ 52
rugosostriatus (Aphodius) ------ 104
ryukyuensis (Bolbochromus) ------ 35

- S -

sabulosus (Trox) ------ 23
sakishimanus (Onthophagus) ------ 76
samurai (Myrhessus) ------ 170
setchan (Aphodius) ------ 141
setifer (Trox) ------ 24, 25
shibatai (Aphodius) ------ 142
shibatai (Bolbelasmus) ------ 34
shibatai (Onthophagus) ------ 84
shikokuensis (Mozartius) ------ 152
shirakii (Onthophagus) ------ 69
sordidus (Aphodius) ------ 131
sturmi (Aphodius) ------ 146
sublimbatus (Aphodius) ------ 148
sugayai (Trox) ------ 26
suginoi (Onthophagus) ------ 71
superatratus (Aphodius) ------ 111
suzukii (Caccobius) ------ 63

- T -

tanakai (Aphodius) ------ 143
testaceus (Mozartius) ------ 151, 152
thailandicus (Petrovitzius) ------ 163
tokaraensis (Phaeochrous) ------ 45
tricornis (Onthophagus) ------ 85
tripartitus (Copris) ------ 58
trituber (Onthophagus) ------ 70
troitzkyi (Aphodius) ------ 100
tsukamotoi (Psammoporus) ------ 178

- U -

uenoi (Mozartius) ------ 153, 154
uenoi (Trox) ------ 27, 28
unicornis (Caccobius) ------ 64
unifasciatus (Aphodius) ------ 112
uniformis (Aphodius) ------ 138
uniplagiatus (Aphodius) ------ 147
urostigma (Aphodius) ------ 106

- V -

variabilis (Aphodius) ------ 114
viduus (Onthophagus) ------ 92

- Y -

yaku (Phelotrupes) ------ 40
yakuinsulanus (Onthophagus) ------ 75
yamato (Aphodius) ------ 105
yamayai (Trox) ------ 29
yasutakai (Aphodius) ------ 144

和名索引

－ア－

和名	頁
アイヌケシマグソコガネ	162
アイヌコブスジコガネ　原名亜種	24
アイヌコブスジコガネ　対馬亜種	25
アカダルマコガネ	52
アカマダラエンマコガネ	86
アカマダラセンチコガネ　原名亜種	49
アサヒナアカマダラセンチコガネ	46
アマミエンマコガネ	84
アマミコブスジコガネ	26
アマミセマダラマグソコガネ	125
アマミトビイロセンチコガネ	34
アマミヒメケブカマグソコガネ	116
アラメエンマコガネ	67
アラメニセマグソコガネ	177

－イ－

和名	頁
イガクロツヤマグソコガネ	108
イシガキトビイロセンチコガネ	33

－ウ－

和名	頁
ウエダエンマコガネ	68
ウエノコブスジコガネ　原名亜種	27
ウエノコブスジコガネ　沖縄島亜種	28
ウエノマルマグソコガネ　原名亜種	153
ウエノマルマグソコガネ　九州亜種	154
ウシヅノエンマコガネ	89
ウスイロマグソコガネ	148
ウスチャマグソコガネ	103

－エ－

和名	頁
エゾマグソコガネ	138

－オ－

和名	頁
オオクロツヤマグソコガネ	109
オオコブスジコガネ	30
オオシマエンマコガネ	74
オオシマセンチコガネ	41
オオスジマグソコガネ	137
オオセンチコガネ　原名亜種	38
オオセンチコガネ　屋久島亜種	40
オオツヤエンマコガネ	79
オオツヤマグソコガネ	110
オオニセツツマグソコガネ	158
オオフタホシマグソコガネ　原名亜種	130
オオマグソコガネ	97
オキナワアカマダラセンチコガネ　原名亜種	47
オキナワアカマダラセンチコガネ　奄美・沖縄亜種	48
オキナワエンマコガネ	78
オビマグソコガネ	147
オビモンマグソコガネ	126

－カ－

和名	頁
ガゼラエンマコガネ	95
カドマルエンマコガネ	73

－キ－

和名	頁
キタアラメニセマグソコガネ	178
キタミヤマグソコガネ	141
キタヤマホソケシマグソコガネ	168
キバネマグソコガネ	132
キボシセンチコガネ	35
キマダラマグソコガネ	127
キュウシュウカクマグソコガネ　原名亜種	174

－キュ－

和名	頁
キュウシュウマルマグソコガネ	150
キョウトチビコブスジコガネ	16

－ク－

和名	頁
クチキマグソコガネ　原名亜種	102
クロオビマグソコガネ	112
クロツツマグソコガネ	156
クロツブマグソコガネ	105
クロツヤマグソコガネ	107
クロマルエンマコガネ	93
クロモンマグソコガネ	114

－ケ－

和名	頁
ケブカマグソコガネ	115

－コ－

和名	頁
コケシマグソコガネ	170
コスジマグソコガネ	101
コツヤマグソコガネ	113
コブナシコブスジコガネ	21
コブマルエンマコガネ	91
ゴホンダイコクコガネ	54
コマグソコガネ	122

－サ－

和名	頁
サキシマケシマグソコガネ	165
サキシマコブスジコガネ	29

－シ－

和名	頁
シナノエンマコガネ	65

－ス－

和名	頁
スジケシマグソコガネ	171
スジマグソコガネ	104
スズキコエンマコガネ	63

－セ－

和名	頁
セスジカクマグソコガネ　原名亜種	172
セマダラマグソコガネ	124
セマルオオマグソコガネ	98
セマルケシマグソコガネ	164
センチコガネ	42

－タ－

和名	頁
タイケシマグソコガネ	163
ダイコクコガネ	56
ダイセツマグソコガネ	139
タカネニセマキバマグソコガネ	142
ダルマコガネ	53
ダルママグソコガネ　原名亜種	151
ダルママグソコガネ　四国亜種	152

－チ－

和名	頁
チドリムネミゾマグソコガネ	155
チビコエンマコガネ	64
チビコブスジコガネ	20
チャグロマグソコガネ	119
チャバネエンマコガネ	66

－ツ－

和名	頁
ツノコガネ	59
ツマベニマグソコガネ	99
ツヤエンマコガネ	83
ツヤケシマグソコガネ	118

ツヤマグソコガネ	128

− ト −
トガリエンマコガネ　日本亜種	76
トガリズネマグソコガネ	144
トゲクロツヤマグソコガネ	111
トゲニセマグソコガネ	179
トビイロエンマコガネ	88

− ナ −
ナガスネエンマコガネ	87
ナガニセマグソコガネ	176
ナンヨウニセツツマグソコガネ	159

− ニ −
ニセオオマグソコガネ	96
ニセヌバタママグソコガネ	135
ニセマキバマグソコガネ	140
ニセマグソコガネ	175
ニッコウエンマコガネ	62
ニッコウマグソコガネ	143

− ヌ −
ヌバタママグソコガネ	133

− ネ −
ネアカエンマコガネ	69
ネグロマグソコガネ	121

− ヒ −
ヒメキイロマグソコガネ	146
ヒメケシマグソコガネ	169
ヒメケブカマグソコガネ	117
ヒメコエンマコガネ	60
ヒメコマグソコガネ	123
ヒメコブスジコガネ	22
ヒメスジマグソコガネ	134
ヒメセスジカクマグソコガネ	173
ヒメダイコクコガネ	58
ヒメツツマグソコガネ	157
ヒメフチトリアツバコガネ	45

− フ −
フチケマグソコガネ	106
フチトリアツバコガネ　原名亜種	44
フトカドエンマコガネ	94
フトツツマグソコガネ	161

− ヘ −
ヘリトゲコブスジコガネ	17

− ホ −
ホソケシマグソコガネ	167

− マ −
マエカドコエンマコガネ	61
マキバマグソコガネ	145
マグソコガネ	129
マダラヒメスジマグソコガネ	136
マツダコブスジコガネ	18
マメダルマコガネ	51
マルエンマコガネ	92
マルコブスジコガネ　日本亜種	23
マルダイコクコガネ	55

マルダルマコガネ	50
マルツヤマグソコガネ	100
マルマグソコガネ	149
マンマルコガネ　原名亜種	31
マンマルコガネ　八重山諸島亜種	32

− ミ −
ミゾムネマグソコガネ	120
ミツコブエンマコガネ　原名亜種	70
ミツノエンマコガネ	85
ミヤマダイコクコガネ	57

− ム −
ムツコブスジコガネ	19
ムネアカセンチコガネ	36
ムラサキエンマコガネ　原名亜種	80
ムラサキエンマコガネ　奄美・沖縄亜種	81
ムラサキエンマコガネ　宮古島亜種	82

− ヤ −
ヤエヤマコブマルエンマコガネ	90
ヤエヤマニセツツマグソコガネ	160
ヤクシマエンマコガネ	75
ヤマトエンマコガネ	72
ヤマトケシマグソコガネ	166
ヤンバルエンマコガネ	71

− ヨ −
ヨツボシマグソコガネ	131
ヨナグニエンマコガネ	77

分　担

■画像
各部位の名称（稲垣政志）
図解検索（稲垣政志）

コブスジコガネ科（堀繁久・稲垣政志）
マンマルコガネ科（稲垣政志・川井信矢）
ムネアカセンチコガネ科（稲垣政志・堀繁久）
センチコガネ科（稲垣政志）
アツバコガネ科（稲垣政志）
アカマダラセンチコガネ科（堀繁久・稲垣政志）
コガネムシ科
　タマオシコガネ亜科
　　マメダルマコガネ族（稲垣政志）
　　ダルマコガネ族（稲垣政志・川井信矢）
　　ダイコクコガネ族（稲垣政志）
　　ツノコガネ族（稲垣政志）
　　エンマコガネ族
　　　コエンマコガネ属（稲垣政志）
　　　エンマコガネ属（稲垣政志）
　　　ガゼラエンマコガネ属（川井信矢）
　マグソコガネ亜科
　　マグソコガネ族
　　　マグソコガネ属（稲垣政志・堀繁久）
　　　マルマグソコガネ属（稲垣政志・川井信矢）
　　　ムネミゾマグソコガネ属（稲垣政志）
　　クロツツマグソコガネ族（稲垣政志）
　　フトツツマグソコガネ族（稲垣政志）
　　ケシマグソコガネ族（稲垣政志）
　　ホソケシマグソコガネ族（稲垣政志）
　　スジケシマグソコガネ族（稲垣政志）
　　カクマグソコガネ族（稲垣政志）
　ニセマグソコガネ亜科（堀繁久・稲垣政志）

■撮影機材
Canon EOS Kiss Digital,
　　MP-E 65mm, MACRO EF 100mm（稲垣政志）
Canon EOS 20D, MACRO EF 100mm（川井信矢）
Nikon D100, Micro Nikkor 105mm（堀繁久）
Nikon COOLPIX 995（稲垣政志・堀繁久・川井信矢）
Olympus OM4, ZUIKO MACRO 80mm, 38mm（稲垣政志）
Olympus CAMEDIA C-5060 + Leica MZ16（稲垣政志）

■解説
各部位の名称（川井信矢）
図解検索（川井信矢）

コブスジコガネ科（堀繁久）
マンマルコガネ科（川井信矢）
ムネアカセンチコガネ科（堀繁久）
センチコガネ科（河原正和）
アツバコガネ科（河原正和）
アカマダラセンチコガネ科（堀繁久）
コガネムシ科
　タマオシコガネ亜科
　　マメダルマコガネ族（河原正和）
　　ダルマコガネ族（川井信矢）
　　ダイコクコガネ族（河原正和）
　　ツノコガネ族（河原正和）
　　エンマコガネ族
　　　コエンマコガネ属（河原正和）
　　　エンマコガネ属（河原正和）
　　　ガゼラエンマコガネ属（川井信矢）
　マグソコガネ亜科
　　マグソコガネ族
　　　マグソコガネ属（河原正和・堀繁久・川井信矢）
　　　マルマグソコガネ属（川井信矢・河原正和）
　　　ムネミゾマグソコガネ属（河原正和）
　　クロツツマグソコガネ族（河原正和）
　　フトツツマグソコガネ族（河原正和）
　　ケシマグソコガネ族（川井信矢）
　　ホソケシマグソコガネ族（川井信矢）
　　スジケシマグソコガネ族（川井信矢）
　　カクマグソコガネ族（河原正和）
　ニセマグソコガネ亜科（堀繁久）

■監修
コガネムシ研究会（藤岡昌介・酒井香・木内信）

■編集
全般（川井信矢）
画像処理全般（Robert Lizler）
テキストデータ処理（西野洋樹）

■デザイン・構成
レイアウト全般及び表紙（川井信矢）
中表紙「海鳥に群るオオコブスジコガネ」（邱承宗）

著者

川井 信矢
Shinya KAWAI

1963年2月15日生
東京都世田谷区在

■所属する会
コガネムシ研究会幹事・事務局
日本鞘翅学会　日本甲蟲学会
■現職
川茂㈱ 代表取締役
昆虫文献 六本脚 代表

この普及版の元になった図鑑を世に出して3年の月日が経った．その間，多くの方から様々な反響が寄せられ，改良すべき点を「第2巻 食葉群Ⅰ」に反映させることができた．しかし，どうしても改良できない2つの点があった．それは誰にでも手の届く価格と，野外に携行できるハンディ性だった．コストを抑えるための研究を繰り返し，採算を度外視した結果，大手出版社なみの価格を実現することができた．昆虫愛好家はもちろん，多くの昆虫少年少女に利用してもらい，自然と虫を愛する子供たちが一人でも増えれば本望である．そして彼らがやがて大人になったとき，糞虫が飛び回る緑の森が残っていて欲しいと願うばかりである．

糞虫は，生態系の中で動物の糞や死体を分解するという，重要な役割を担っている昆虫だ．ダイコクコガネのようにすばらしい形の種や，緑・青・紫など美しい光沢に包まれたオオセンチコガネなどのきらびやかな糞虫もいるが，大部分は体長数ミリで黒や茶色をしていて目立たない．皆同じに見えるマグソコガネの仲間などを良くみて，微妙な違いが判るようになると，俄然面白くなってくる．そして，奥深い糞虫の世界に引き込まれていく．コガネムシ上科図説普及版の入手をきっかけに，糞虫の形や生態の多様性に触れ，自然界の生態系の流れを感じ取り，糞虫に興味を持つ人が増えることを期待したい．

堀 繁久
Shigehisa HORI

1961年10月30日生
北海道札幌市在

■所属する会
コガネムシ研究会　日本昆虫学会
日本昆虫分類学会　日本鞘翅学会
日本甲蟲学会　北海道昆虫同好会
日本環境動物昆虫学会
■現職
北海道開拓記念館 資料情報課長・学芸第一課学芸員（生物）

河原 正和
Masakazu KAWAHARA

1970年6月4日生
大阪府高槻市在

■所属する会
コガネムシ研究会　日本鞘翅学会
日本甲蟲学会　日本昆虫分類学会
■現職
筑波ゼミナール 塾長
河原工房 専務取締役

糞虫の魅力とは何だろうか．子どもの頃蝶やクワガタを必死に追いかけたが，それらの虫には美しさやかっこ良さがあった．気がつくとクワガタと同じコガネムシ上科という仲間である"糞虫"を追っていた．彼らは一見地味で皆同じような顔をしているが，生物の底辺で分解者として生態系を支えている．種によって棲み分けがあり，時期によって発生が入れ替わるなど知れば知るほど興深い．また，彼らの種数が多いエリアほど自然の生態系が成り立っている．つまり彼らが多く棲める森こそが，様々な生物も安心して暮らしていける森ではないだろうか．この普及版によって彼らを知ってもらえる方が増えることを願いたい．

木漏れ日の差す林道を四駆でヨタヨタと登っていった時，林床を低く飛ぶエメラルドに出会った．家族の乗った車を放り出すように急停車して追いかけた．ルリセンチコガネとの出会いである．この時以来糞虫にのめり込み，同時に多くの糞友に出会った．この素敵な虫の姿をそのままの姿に残したくて色々と工夫を重ねた．初期は銀塩カメラを使用していたがデジタルカメラの高性能化により随времени作業が楽になった．プレートの組み上げはデジタルの利点を生かしたものである．そうして今回の冊子の小型化によりフィールドへ持ち出すことも可能になった．本書がコガネムシ愛好家の裾野を広げ，さらなる研究の進展につながることを期待したいと思う．

稲垣 政志
Masashi INAGAKI

1955年2月12日生
三重県四日市市在

■所属する会
コガネムシ研究会　日本鞘翅学会
日本甲蟲学会　日本昆虫分類学会
三重虫談話会　日本洞窟学会
■現職
稲垣耳鼻咽喉科 院長

> 普及版付録

糞虫の標本作成法

　糞虫の採集や標本作りには，蝶や他の甲虫とは違ったコツがある．正しい手順で処理された標本は，他の甲虫同様に美しく臭いもほとんどない．

1. 生かして持ち帰ろう

　まず野外で糞虫を採集すると，体は糞で汚れている．灯火に飛来した個体は一見きれいだが，おなかの中には食べた糞が詰まっている．これらをすぐに毒ビンに入れると乾燥後に臭いが残る．そこで，糞虫独特の処理方法が必要になってくる．

　糞虫は一般に体がバラバラになりやすい．長期間生かしておくのに注意が必要だ．まず採集容器として小型のタッパーウェアやフィルムケースを用意し，通気用の小さな穴を空け，その中にティッシュを湿らせてできるだけすき間なくつめる．その際，水分が多すぎると虫がおぼれたり弱ったりするので，ほんのり湿らせる程度で良い．

　採集用の容器に様々な糞虫をたくさん詰め込むと，共食いやケンカをおこすことがある．ツヤエンマコガネなど腐肉食系の虫は特に注意が必要．食糞性のものでも弱った小型種などを襲うこともあるので，採集後は現地ですぐに小分けをする．採集用の容器はすでに汚れているので，新しい湿ったティッシュの入った容器に虫だけを入れ替えるが，このときできるだけ同じ仲間の虫を同じ容器に入れると，ケンカの防止や整理の都合上便利である．汚れがひどい場合は，小分けの前に水で洗い流す．数が多い場合は入れ替え中に飛んで逃げるので，水を張ったバケツなどに一旦すべて落とすとよい．糞虫は水に入れると一時的に擬死状態または麻痺状態になるがしばらく放っておけば復活する．汚れのひどい場合は，使い古しのハブラシ等を使って軽くこすると汚れがよく落ちる．ダイコクコガネなどの大型の種類は，体のすきまにダニが付いていることがあるので，ハブラシは効果的だ．

　小分けした後は，高温を避けて暗く涼しい場所に保管し，糞虫のおなかの中の糞を排泄させる．暑い時期，採集後に日なたや車中に放置するとあっという間に死んでしまうことがあるので，家に帰るまでは注意しよう．生かしておく期間の目安は，ダイコクコガネで1週間前後，センチコガネで3～4日，マグソコガネなら1～2日で十分である．小さい容器で長期間生かしておくと必ずケンカがおきるので，できるだけ多くの容器に分けよう．ティッシュは汚れたらその都度交換し，汚れなくなったらきれいになった証拠である．

2. 薬品処理とクリーニング

　虫の体の汚れが落ち，糞が出なくなったら，標本にするための処理をする．通常は酢酸エチルを用い，一般の甲虫同様毒ビンに入れる．酢酸エチルの濃さや浸漬時間は一般の甲虫と同様で良いが，採集容器内で死んでしまった個体やフ節などがもろい種類は，薄目で短時間の処理をする．黄色い斑紋のある種類などには亜硫酸ガスを用いると，美しい斑紋がきれいに残る．しかし加減によっては色が抜けすぎたり残留した薬品が将来標本をむしばむ可能性があるので注意が必要．

　美しい標本を作るためには，生かしている間のいわゆるセルフ・クリーニングとともに，展脚前のクリーニングもかかせない．汚れがひどい場合はお湯に浸し，個体を沈めて筆を使って突付くようにすると汚れがよく落ちる．糞虫はたとえ食糞性でなくとも様々なものの中に潜り込むため，肉眼では見えない汚れがついている．美しい標本は，単に見た目の綺麗さだけでなく，間違った同定を防ぐなどの学術的効果もあることを付け加えておきたい．

3. 展脚をしよう

　虫の脚をそろえて観察しやすいように乾燥固定させることを展脚という．糞虫の場合の注意点は，乾燥の速度と触角や脚に対する気配りである．乾燥は糞の臭いを無くすためにも十分にしなければならないが，急激に乾燥させると上翅が開いてしまったり，脚が動かなくなったりするので，自然乾燥でゆっくり行う．一般的には，薬局などで売っているカット綿の上に柔らかい虫を並べ，簡単に脚などをそろえ，それごとわら半紙などで四角に包んで保管するが，これをタトウという．このタトウは，そのまま放置するとすぐに虫がかたくなってしまうので，一旦タッパー等の密閉容器にまるごと入れて，水分が徐々に飛んで半乾きになった段階で整形すれば，2～3回の修正で美しい展脚を決めることができる．

　一旦硬くなった標本を軟化する場合は，長時間お湯などに浸すともろくなるため，熱湯で短時間処理をするのが好ましい．状態が良い場合やケシマグソのような小型種は，ヤカンや電気ポットの水蒸気だけで十分である．

　触角や脚は同定や雌雄の区別のポイントになる場合が多いので，乾燥する前に出しておく．糞虫の場合，潜る習性から触角やフ節を格納できる窪みがあって，そこに格納されている場合がある．このような場合はピンセットや針先で無理に出そうとすると壊れてしまうため，筆などを使ってソフトに出すと良い．これらは文具店で面相筆の最も細いものを購入し，軽く濡らしてルーペなどの下で作業を行えば，それほど難しい作業ではない．

4. マウントしよう

　標本に針を刺したり，標本を台紙に貼ったりして，採集データのラベルをつけて標本を完成させることをマウントという．針を直接刺す虫の大きさは，虫が壊れなければ好みで構わないが，目安としてダイコクコガネ類やセンチコガネ類は針を刺すが，それ以外は台紙が好ましい．針刺の利点は標本の安定性と腹面の観察のし易さであるが，欠点として穴が重要な部位を貫通したり，虫体を傷める点が上げられる．台紙は三角形のものや四角いものがあり好みで使い分けるが，糞虫は油が出やすく，貼った後に脱落することがあるので，大きめの台紙にしっかり接着する必要がある．糊は文具店で容易に手に入る水溶性の液状のり（木工用ボンドやアラビックヤマト）が一般的で，必要なときに水で簡単にはがせることが重要である．

5. 同定してみよう

　種名を調べることを，同定という．糞虫の面白さは，何と言っても長く伸びた角であり，発達した前胸背板の突起であり，丸っこくかわいらしい体形であるが，これらは単に面白いだけでなく，同定や雌雄の区別の重要なポイントとなっている．

　虫の体の重要な場所として，まず前脛節が上げられる．前脛節の外側にある外歯の数や長さ，またフ節の付け根から出ているトゲ（端棘）などは，種を決定したり雌雄を判定するには大変重要である．前脛節を明瞭に観察できるようにするには，前脚全体をしっかりと上げる必要がある．また中・後脛節端棘で種を決める場合もあるため，見やすくしておく必要がある．つまり脚の丸まった標本や下がった標本では，種類が判らないことがある．

　次に頭部には頭楯や隆起など様々な同定上重要な特徴が出るため，頭が下がった標本では同定ができない．またコガネムシ科では頭楯が口器を隠すかどうかで亜科が大きく分かれるため，頭部を見やすく整形するのは重要である．前胸背板では，点刻や隆起，側縁の状態が重要となるため，汚れは大敵である．上翅は凹凸の激しい種も多く，条溝や間室の点刻，刺毛の状態が重要になること

から，同様に十分なクリーニングが不可欠である．マグソコガネ属の多くは，♂の前胸背板の幅が広くなるため，雌雄判定にも重要な部位である．腹面においては，腹節，胸板などが重要である他，腿節やその切れ込みなどの形状，毛の状態などで種や亜属が決定する場合もあるので，余裕のあるときは裏貼り標本を作ろう．

このように十分に準備された標本を，ルーペや顕微鏡で拡大して本書と比較すれば，一部の似ている仲間以外は種名が判ると思われる．自信のない場合は，採った季節や地方，糞の種類や採れた環境を総合して判断すれば良い．また巻頭の検索表でグループを絞り込むことも有用である．苦労して採集し，時間をかけてマウントした虫の名前を，自力で調べることができた瞬間，昆虫研究の楽しさは倍増する．

7. 研究会など

本書で満足しない方，さらに研究をしてみたい方，同定や分類に困った方は，インターネット上に様々な情報があるので自分で調べてみよう．また，情報や仲間が欲しい場合，専門家のアドバイスが欲しい場合は，コガネムシ研究会へ入会しよう．同会からは様々な糞虫に関する報告書や文献が出ている他，全国にいる多数の会員と情報交換ができる．特に会誌の鰓角通信には，同定法や採集法などが毎号掲載されており，また採集地案内もあり必読である．高校生以下は学生会員になれ，年会費が半額になる．詳しくは以下ホームページを見るか，事務局に連絡してみよう．

コガネムシ研究会　事務局　〒154-0002　東京都世田谷区下馬4-16-3
ホームページ：http://kawamo.co.jp/kogane/　　メール：kogane@kawamo.co.jp

8. 最後に

採集時の処理の方法から名前を調べるところまでを，糞虫に関して役立つ点を中心に列記してみた．採集した標本は正しい処理をし，適正なラベルを付けることによって，はじめて観察・利用に適した学術的価値のある研究材料となる．

糞虫は，糞や腐敗物を食べるため一般には嫌われがちであるが，甲虫類の中で最も美しく気品があり，一部の種では子育てをしたり共生をしたりと生態的にも大変進化したグループもあり，研究対象としての興味は尽きない．本書が糞虫の研究をはじめてみようと思われる方に少しでも参考になれば幸いである．

普及版付録

本書に載っていない糞虫

以下は，本書の元の図鑑が出版された2005年以降に発表されたため，掲載されていない種類である．まったくの新種，外国から移入されたと思われる種，従来1種（亜種）と思われていたものが2種（亜種）に分けられたもの，種に昇格したものなど事情は様々であるが，現時点で公式に認められているものである．これらの詳細を知るには，コガネムシ研究会の会誌「KOGANE」やその他主要学会の会誌に掲載された論文を見る必要がある．

Trox (*Trox*) *horiguchii* Ochi et Kawahara, 2002　ツシマコブスジコガネ
　アイヌコブスジコガネ対馬亜種として記載されたが，その後種に昇格した．

Trox (*Trox*) *inadai* Ochi, Kawahara et Inagaki, 2008　アラメヒメコブスジコガネ
　屋久島以南のヒメコブスジコガネが，別種に分けられた．

Notochodaeus interruptus horii (Ochi , Kawahara et Inagaki, 2006)　奄美諸島亜種
　奄美諸島からのオキナワアカマダラセンチコガネが，亜種に分けられた．

Panelus kubotai Kawahara , Inagaki et Ochi, 2007　ヤクシマアカチャダルマコガネ
　屋久島から見つかったマメダルマコガネ属の新種．

Onthophagus (*Gibbonthophagus*) *proletarius* Harold, 1875　ヨツモンエンマコガネ
　最近石垣島で見つかったが，台湾では普通種のため，船などで運ばれた移入種の可能性が高い．

Mozartius jugosus horii Ochi, Kawahara et Inagaki, 2006　五島亜種
Mozartius jugosus shingoi Ochi, Kawahara et Inagaki, 2006　対馬亜種
　五島列島と対馬から見つかったマルマグソコガネ属の2亜種．

Ataenius peregrinator Harold, 1877　ヒメホソニセツツマグソコガネ
　沖縄本島中部で見つかった．移入種の可能性が高い．

Platytomus yadai (Ochi, Kawahara et Inagaki, 2006)　ヒメヤマトケシマグソコガネ
　沖縄本島から見つかった*Platytomus*属の新種．

Trichiorhyssemus yumikoae Pittino et Kawai, 2007　タイワンホソケシマグソコガネ
　台湾と宮古島から見つかった，ホソケシマグソコガネ属の新種．

Myrhessus yorikoae Ochi, Kawahara et Inagaki, 2006　ハバビロコケシマグソコガネ
　従来ホソケシマグソコガネやコケシマグソコガネと混同されていたが，明らかな別種であった．

普及版付録

種名・分類群ラベル（食糞群編）

　以下は，この普及版の出た時点での最新の日本産糞虫のラベルです．本書に掲載されている種に，巻末に列記した本書に載っていない糞虫を加え，さらに最新の学名に変更してありますので，一部本書で使用した学名と異なる部分がありますが，ご了承下さい．

　このラベルは，本から切り離さず原本としてご利用下さい．スキャナで読み取り，好みの大きさにし，好みの紙にプリントすれば，簡単にオリジナルラベルが作成できます．スキャナのない方は，複写機でコピーし，その際やや厚手の紙を入れれば，しっかりしたラベルとなります．「＋」印を目安に切り取り，標本箱に並べ，自分で名前を調べた標本を近くに置きましょう．種名ラベルの後に，科や族や属といった上位分類のラベルもつけました．種類が集まってきたらグループごとに並べて，この上位分類ラベルを入れれば，あなたの糞虫コレクションは完璧です．

Trox (*Trox*) *horiguchii* Ochi et Kawahara, 2002 ツシマコブスジコガネ	*Madrasostes kazumai kazumai* Ochi, Johki et Nakata, 1990 マンマルコガネ　原名亜種	*Notochodaeus maculatus maculates* Waterhouse, 1875 アカマダラセンチコガネ　原名亜種
Trox (*Trox*) *inadai* Ochi, Kawahara et Inagaki, 2008 アラメヒメコブスジコガネ	*Madrasostes kazumai hisamatsui* Ochi, 1990 マンマルコガネ　八重山諸島亜種	*Panelus kubotai* Kawahara , Inagaki et Ochi, 2007 ヤクシマアカチャダルマコガネ
Trox (*Trox*) *kyotensis* Ochi et Kawahara, 2000 キョウトチビコブスジコガネ	*Bolbelasmus* (*Bolbelasmus*) *ishigakiensis* Masumoto, 1984 イシガキトビイロセンチコガネ　日本固有種	*Panelus ovatus* Nomura, 1973 マルダルマコガネ
Trox (*Trox*) *mandli* Balthasar, 1931 ヘリトゲコブスジコガネ	*Bolbelasmus* (*Bolbelasmus*) *shibatai* Masumoto, 1984 アマミトビイロセンチコガネ	*Panelus parvulus* (Waterhouse, 1874) マメダルマコガネ
Trox (*Trox*) *matsudai* Ochi et Hori, 1999 マツダコブスジコガネ	*Bolbochromus ryukyuensis* Masumoto, 1984 キボシセンチコガネ	*Panelus rufulus* Nomura, 1973 アカダルマコガネ
Trox (*Trox*) *mutsuensis* Nomura, 1937 ムツコブスジコガネ	*Bolbocerosoma* (*Bolbocerodema*) *nigroplagiatum* (Waterhouse, 1875) ムネアカセンチコガネ	*Paraphytus dentifrons* (Lewis, 1895) ダルマコガネ
Trox (*Trox*) *niponensis* Lewis, 1895 チビコブスジコガネ	*Phelotrupes* (*Chromogeotrupes*) *auratus auratus* (Motschulsky, 1857) オオセンチコガネ　原名亜種	*Copris* (*Copris*) *acutidens* Motschulsky, 1860 ゴホンダイコクコガネ
Trox (*Trox*) *nohirai* Nakane, 1954 コブナシコブスジコガネ	*Phelotrupes* (*Chromogeotrupes*) *auratus yaku* (Tsukamoto, 1958) オオセンチコガネ　屋久島亜種	*Copris* (*Copris*) *brachypterus* Nomura, 1964 マルダイコクコガネ
Trox (*Trox*) *opacotuberculatus* Motschulsky, 1860 ヒメコブスジコガネ	*Phelotrupes* (*Eogeotrupes*) *oshimanus* (Fairmaire, 1895) オオシマセンチコガネ	*Copris* (*Copris*) *ochus* (Motschulsky, 1860) ダイコクコガネ
Trox (*Trox*) *sabulosus fujiokai* Ochi, 2000 マルコブスジコガネ　日本亜種	*Phelotrupes* (*Eogeotrupes*) *laevistriatus* (Motschulsky, 1857) センチコガネ	*Copris* (*Copris*) *pecuarius* Lewis, 1884 ミヤマダイコクコガネ
Trox (*Trox*) *setifer* Waterhouse, 1875 アイヌコブスジコガネ	*Phaeochrous emarginatus emarginatus* Castelnau, 1840 フチトリアツバコガネ　原名亜種	*Copris* (*Copris*) *tripartitus* Waterhouse, 1875 ヒメダイコクコガネ
Trox (*Trox*) *sugayai* Masumoto et Kiuchi, 1995 アマミコブスジコガネ	*Phaeochrous tokaraensis* Nomura, 1961 ヒメフチトリアツバコガネ	*Liatongus* (*Liatongus*) *minutus* (Motschulsky, 1860) ツノコガネ
Trox (*Trox*) *uenoi uenoi* Nomura, 1961 ウエノコブスジコガネ　原名亜種	*Notochodaeus asahinai* Y. Kurosawa, 1968 アサヒナアカマダラセンチコガネ	*Caccobius* (*Caccobius*) *brevis* Waterhouse, 1875 ヒメコエンマコガネ
Trox (*Trox*) *uenoi matsumurai* Y. Miyake et Yamaya, 1995 ウエノコブスジコガネ　沖縄島亜種	*Notochodaeus interruptus interruptus* Y. Kurosawa, 1968 オキナワアカマダラセンチコガネ　原名亜種	*Caccobius* (*Caccobius*) *jessoensis* Harold, 1867 マエカドコエンマコガネ
Trox (*Trox*) *yamayai* Nakane, 1983 サキシマコブスジコガネ	*Notochodaeus interruptus horii* (Ochi , Kawahara et Inagaki, 2006) オキナワアカマダラセンチコガネ　奄美諸島亜種	*Caccobius* (*Caccophilus*) *nikkoensis* (Lewis, 1895) ニッコウコエンマコガネ
Afromorgus chinensis (Boheman, 1858) オオコブスジコガネ	*Notochodaeus interruptus kurosawai* Ochi et Kawai, 2002 オキナワアカマダラセンチコガネ　沖縄諸島亜種	*Caccobius* (*Caccophilus*) *suzukii* Matsumura, 1936 スズキコエンマコガネ

Caccobius (*Caccophilus*) *unicornis*
(Fabricius, 1798)
チビコエンマコガネ

Onthophagus (*Onthophagus*) *bivertex*
Heyden, 1887
シナノエンマコガネ

Onthophagus (*Gibbonthophagus*) *proletarius*
Harold, 1875
ヨツモンエンマコガネ

Onthophagus (*Palaeonthophagus*) *gibbulus gibbulus*
(Pallas, 1781)
チャバネエンマコガネ　原名亜種

Onthophagus (*Palaeonthophagus*) *ocellatopunctatus*
Waterhouse, 1875
アラメエンマコガネ

Onthophagus (*Palaeonthophagus*) *olsoufieffi*
Boucomont, 1924
ウエダエンマコガネ

Onthophagus (*Palaeonthophagus*) *shirakii*
Nakane, 1960
ネアカエンマコガネ

Onthophagus (*Paraphanaeomorphus*) *trituber trituber*
(Wiedemann, 1823)
ミツコブエンマコガネ　原名亜種

Onthophagus (*Indachorius*) *suginoi*
Ochi, 1984
ヤンバルエンマコガネ

Onthophagus (*Strandius*) *japonicus*
Harold, 1874
ヤマトエンマコガネ

Onthophagus (*Strandius*) *lenzii*
Harold, 1874
カドマルエンマコガネ

Onthophagus (*Strandius*) *oshimanus*
Nakane, 1960
オオシマエンマコガネ

Onthophagus (*Strandius*) *yakuinsulanus*
Nakane, 1984
ヤクシマエンマコガネ

Onthophagus (*Parascatonomus*) *acuticollis sakishimanus*
Nomura, 1976
トガリエンマコガネ　日本亜種

Onthophagus (*Parascatonomus*) *aokii*
Nomura, 1976
ヨナグニエンマコガネ

Onthophagus (*Parascatonomus*) *itoi*
Nomura, 1976
オキナワエンマコガネ

Onthophagus (*Parascatonomus*) *miyakei*
Ochi et Araya, 1992
オオツヤエンマコガネ

Onthophagus (*Parascatonomus*) *murasakianus murasakianus*
Nomura, 1976
ムラサキエンマコガネ　原名亜種

Onthophagus (*Parascatonomus*) *murasakianus carnarius*
Nomura, 1976
ムラサキエンマコガネ　奄美・沖縄亜種

Onthophagus (*Parascatonomus*) *murasakianus miyakoinsularis*
Ochi, Y. Miyake et Kusui, 1999
ムラサキエンマコガネ　宮古島亜種

Onthophagus (*Parascatonomus*) *nitidus*
Waterhouse, 1875
ツヤエンマコガネ

Onthophagus (*Parascatonomus*) *shibatai*
Nakane, 1960
アマミエンマコガネ

Onthophagus (*Parascatonomus*) *tricornis*
(Wiedemann, 1823)
ミツノエンマコガネ

Onthophagus (*Matashia*) *lutosopictus*
Fairmaire, 1897
アカマダラエンマコガネ

Onthophagus (*Matashia*) *ohbayashii*
Nomura, 1939
ナガスネエンマコガネ

Onthophagus (*Paraphanaeomorphus*) *argyropygus*
Gillet, 1927
トビイロエンマコガネ

Onthophagus (*Gibbonthophagus*) *amamiensis*
Nomura, 1965
ウシヅノエンマコガネ

Onthophagus (*Gibbonthophagus*) *apicetinctus*
D'Orbigny, 1898
ヤエヤマコブマルエンマコガネ

Onthophagus (*Gibbonthophagus*) *atripennis*
Waterhouse, 1875
コブマルエンマコガネ

Onthophagus (*Gibbonthophagus*) *viduus*
Harold, 1874
マルエンマコガネ

Onthophagus (*Phanaeomorphus*) *ater*
Waterhouse, 1875
クロマルエンマコガネ

Onthophagus (*Phanaeomorphus*) *fodiens*
Waterhouse, 1875
フトカドエンマコガネ

Digitonthophagus gazella
(Fabricius, 1787)
ガゼラエンマコガネ

Aphodius (*Colobopterus*) *propraetor*
Balthasar, 1932
ニセオオマグソコガネ

Aphodius (*Colobopterus*) *quadratus*
Reiche, 1847
オオマグソコガネ

Aphodius (*Teuchestes*) *brachysomus*
Solsky, 1874
セマルオオマグソコガネ

Aphodius (*Otophorus*) *haemorrhoidalis*
(Linnaeus, 1758)
ツマベニマグソコガネ

Aphodius (*Sinodiapterna*) *troitzkyi*
Jacobson, [1898]
マルツヤマグソコガネ

Aphodius (*Pleuraphodius*) *lewisii*
Waterhouse, 1875
コスジマグソコガネ

Aphodius (*Stenotothorax*) *hibernalis hibernalis*
(Nakane et Tsukamoto, 1956)
クチキマグソコガネ　原名亜種

Aphodius (*Pharaphodius*) *marginellus*
(Fabricius, 1781)
ウスチャマグソコガネ

Aphodius (*Pharaphodius*) *rugosostriatus*
Waterhouse, 1875
スジマグソコガネ

Aphodius (*Parammoecius*) *yamato*
Nakane, 1960
クロツブマグソコガネ

Aphodius (*Aganocrossus*) *urostigma*
Harold, 1862
フチケマグソコガネ

Aphodius (*Acrossus*) *atratus*
Waterhouse, 1875
クロツヤマグソコガネ

Aphodius (*Acrossus*) *igai*
Nakane, 1956
イガクロツヤマグソコガネ

Aphodius (*Acrossus*) *japonicus*
Nomura et Nakane, 1951
オオクロツヤマグソコガネ

Aphodius (*Acrossus*) *rufipes*
(Linnaeus, 1758)
オオヤマグソコガネ

Aphodius (*Acrossus*) *superatratus*
Nomura et Nakane, 1951
トゲクロツヤマグソコガネ

Aphodius (*Acrossus*) *unifasciatus*
Nomura et Nakane, 1951
クロオビマグソコガネ

Aphodius (*Paulianellus*) *maderi*
Balthasar, 1938
コツヤマグソコガネ

Aphodius (*Aphodaulacus*) *variabilis*
Waterhouse, 1875
クロモンマグソコガネ

Aphodius (*Brachiaphodius*) *eccoptus*
Bates, 1889
ケブカマグソコガネ

Aphodius (*Trichaphodius*) *atsushii*
Ochi, 1986
アマミヒメケブカマグソコガネ

Aphodius (*Trichaphodius*) *comatus*
Schmidt, [1921]
ヒメケブカマグソコガネ

Aphodius (*Nipponaphodius*) *gotoi*
Nomura et Nakane, 1951
ツヤケシマグソコガネ

Aphodius (*Aparammoecius*) *isaburoi*
Nakane, 1956
チャグロマグソコガネ

Aphodius (*Aparammoecius*) *mizo*
Nakane, 1967
ミゾムネマグソコガネ

Aphodius (*Aparammoecius*) *pallidiligonis*
Waterhouse, 1875
ネグロマグソコガネ

Aphodius (*Esymus*) *pusillus*
(Herbst, 1789)
コマグソコガネ

Aphodius (*Phalacronothus*) *botulus*
Balthasar, 1945
ヒメコマグソコガネ

Aphodius (*Chilothorax*) *nigrotessellatus*
(Motschulsky, 1866)
セマダラマグソコガネ

Aphodius (*Chilothorax*) *ohishii*
Masumoto, 1975
アマミセマダラマグソコガネ

Aphodius (*Chilothorax*) *okadai*
Nakane, 1951
オビモンマグソコガネ

Aphodius (*Chilothorax*) *punctatus*
Waterhouse, 1875
キマダラマグソコガネ

Aphodius (*Aphodiellus*) *impunctatus*
Waterhouse, 1875
ツヤマグソコガネ

Aphodius (*Phaeaphodius*) *rectus*
(Motschulsky, 1866)
マグソコガネ

Aphodius (*Aphodius*) *elegans elegans*
Allibert, 1847
オオフタホシマグソコガネ　原名亜種

Aphodius (*Bodilus*) *sordidus*
(Fabricius, 1775)
ヨツボシマグソコガネ

Aphodius (*Acanthobodilus*) *languidulus*
Schmidt, 1916
キバネマグソコガネ

Aphodius (*Agrilinus*) *breviusculus*
(Motschulsky, 1866)
ヌバタママグソコガネ

Aphodius (*Agrilinus*) *hasegawai*
Nomura et Nakane, 1951
ヒメスジマグソコガネ

Aphodius (*Agrilinus*) *ishidai*
Masumoto et Kiuchi, 1987
ニセヌバタママグソコガネ

Aphodius (*Agrilinus*) *madara*
Nakane, 1960
マダラヒメスジマグソコガネ

Aphodius (*Agrilinus*) *ritsukoae*
Kawai , 2004
オオスジマグソコガネ

Aphodius (*Agrilinus*) *uniformis*
Waterhouse, 1875
エゾマグソコガネ

Aphodius (*Agoliinus*) *kiuchii*
Masumoto, 1984
ダイセツマグソコガネ

Aphodius (*Agoliinus*) *morii*
Nakane, 1983
ニセマキバマグソコガネ

Aphodius (*Agoliinus*) *setchan*
Masumoto, 1984
キタミヤママグソコガネ

Aphodius (*Agoliinus*) *shibatai*
Nakane, 1983
タカネニセマキバマグソコガネ

Aphodius (*Agoliinus*) *tanakai*
Masumoto, 1981
ニッコウマグソコガネ

Aphodius (*Nipponoagoliinus*) *yasutakai*
Ochi et Kawahara, 2001
トガリズネマグソコガネ

Aphodius (*Planolinus*) *pratensis*
Nomura et Nakane, 1951
マキバマグソコガネ

Aphodius (*Subrinus*) *sturmi*
Harold, 1870
ヒメキイロマグソコガネ

Aphodius (*Calamosternus*) *uniplagiatus*
Waterhouse, 1875
オビマグソコガネ

Aphodius (*Labarrus*) *sublimbatus*
Motschulsky, 1860
ウスイロマグソコガネ

Mozartius jugosus jugosus
(Lewis, 1895)
マルマグソコガネ　原名亜種

Mozartius jugosus horii
Ochi, Kawahara et Inagaki, 2006
マルマグソコガネ　五島亜種

Mozartius jugosus shingoi
Ochi, Kawahara et Inagaki, 2006
マルマグソコガネ　対馬亜種

Mozartius kyushuensis
Ochi , Kawahara et Kawai, 2002
キュウシュウマルマグソコガネ

Mozartius testaceus testaceus
Nomura et Nakane, 1951
ダルママグソコガネ　原名亜種

Mozartius testaceus shikokuensis
Masumoto, 1984
ダルママグソコガネ　四国亜種

Mozartius uenoi uenoi
Masumoto, 1984
ウエノマルマグソコガネ　原名亜種

Mozartius uenoi hadai
Kawai, 2003
ウエノマルマグソコガネ　九州亜種

Oxyomus ishidai
Nakane, 1977
チドリムネミゾマグソコガネ

Saprosites japonicus
Waterhouse, 1875
クロツツマグソコガネ

Saprosites narae
Lewis, 1895
ヒメツツマグソコガネ

Ataenius australasiae
(Bohemann, 1858)
オオニセツツマグソコガネ

Ataenius pacificus
(Sharp, 1879)
ナンヨウニセツツマグソコガネ

Ataenius peregrinator
Harold, 1877
ヒメホソニセツツマグソコガネ

Ataenius picinus
Harold, 1867
ヤエヤマニセツツマグソコガネ

Setylaides foveatus
(Schmidt, 1909)
フトツツマグソコガネ

Rakovicius ainu
(Lewis, 1895)
アイヌケシマグソコガネ

Rakovicius coreanus
(Kim, 1980)
タイケシマグソコガネ

Psammodius convexus
Waterhouse, 1875
セマルケシマグソコガネ

Psammodius kondoi
Masumoto, 1984
サキシマケシマグソコガネ

Leiopsammodius japonicus
(Harold, 1878)
ヤマトケシマグソコガネ

Platytomus yadai
(Ochi, Kawahara et Inagaki, 2006)
ヒメヤマトケシマグソコガネ

Trichiorhyssemus asperulus
(Waterhouse, 1875)
ホソケシマグソコガネ

Trichiorhyssemus kitayamai
Ochi, Kawahara et Kawai, 2001
キタヤマホソケシマグソコガネ

Trichiorhyssemus yumikoae
Pittino et Kawai, 2007
タイワンホソケシマグソコガネ

Neotrichiorhyssemus esakii
(Nomura, 1943)
ヒメケシマグソコガネ

Myrhessus samurai
(Balthasar, 1941)
コケシマグソコガネ

Myrhessus yorikoae
Ochi, Kawahara et Inagaki, 2006
ハバビロコケシマグソコガネ

Odochilus (*Parodochilus*) *convexus*
Nomura, 1971
スジケシマグソコガネ

Rhyparus azumai azumai
Nakane, 1956
セスジカクマグソコガネ　原名亜種

Rhyparus helophoroides
Fairmaire, 1893
ヒメセスジカクマグソコガネ

Rhyparus kitanoi kitanoi
Y. Miyake, 1982
キュウシュウカクマグソコガネ　原名亜種

Aegialia (*Aegialia*) *nitida*
Waterhouse, 1875
ニセマグソコガネ

Psammoporus comis
(Lewis, 1895)
ナガニセマグソコガネ

Psammoporus kamtschaticus
(Motschulsky, 1860)
アラメニセマグソコガネ

Psammoporus tsukamotoi
Masumoto, 1986
キタアラメニセマグソコガネ

Caelius denticollis
Lewis, 1895
トゲニセマグソコガネ

Superfamily
SCARABAEOIDEA
コガネムシ上科

Family
TROGIDAE
コブスジコガネ科

Genus
Trox Fabricius, 1775
コブスジコガネ属

Genus
Afromorgus Scholtz, 1986
オオコブスジコガネ属

Family
CERATOCANTHIDAE
マンマルコガネ科

Genus
Madrasostes Paulian, 1975
マンマルコガネ属

Family
BOLBOCERATIDAE
ムネアカセンチコガネ科

Genus
Bolbelasmus Boucomont, [1911]
トビイロセンチコガネ属

Genus
Bolbochromus Boucomont, 1909
キボシセンチコガネ属

Genus
Bolbocerosoma Schaeffer, 1906
ムネアカセンチコガネ属

Family
GEOTRUPIDAE
センチコガネ科

Tribe
CHROMOGEOTRUPINI
オオセンチコガネ族

Genus
Phelotrupes Jekel, [1866]
オオセンチコガネ属

Family
HYBOSORIDAE
アツバコガネ科

Genus
Phaeochrous Castelnau, 1840
アツバコガネ属

Family
OCHODAEIDAE
アカマダラセンチコガネ科

Subfamily
OCHODAEINAE
アカマダラセンチコガネ亜科

Tribe
OCHODAEINI
アカマダラセンチコガネ族

Genus
Notochodaeus Nikolajev, 2005
アカマダラセンチコガネ属

Family
SCARABAEIDAE
コガネムシ科

Subfamily
SCARABAEINAE
タマオシコガネ亜科

Tribe
CANTHONINI
マメダルマコガネ族

Genus
Panelus Lewis, 1895
マメダルマコガネ属

Tribe
ATEUCHINI
ダルマコガネ族

Genus
Paraphytus Harold, 1877
ダルマコガネ属

Tribe
COPRINI
ダイコクコガネ族

Genus
Copris Müller, 1776
ダイコクコガネ属

Tribe
ONITICELLINI
ツノコガネ族

Genus
Liatongus Reitter, [1893]
ツノコガネ属

Tribe
ONTHOPHAGINI
エンマコガネ族

Genus
Caccobius Thomson, 1859
コエンマコガネ属

Genus
Onthophagus Latreille, 1802
エンマコガネ属

Genus
Digitonthophagus Balthasar, 1959
ガゼラエンマコガネ属

Subfmily
APHODIINAE
マグソコガネ亜科

Tribe
APHODIINI
マグソコガネ族

Genus
Aphodius Illiger, 1798
マグソコガネ属

Genus
Mozartius Nomura et Nakane, 1951
マルマグソコガネ属

Tribe
EUPARIINI
クロツツマグソコガネ族

Genus
Saprosites Redtenbacher, 1858
クロツツマグソコガネ属

Genus
Ataenius Harold, 1867
ニセツツマグソコガネ属

Tribe
DIALYREINI
フトツツマグソコガネ族

Genus
Setylaides Stebnicka, 1994
フトツツマグソコガネ属

Tribe
PSAMMODIINI
ケシマグソコガネ族

Genus
Rakovicius Pittino, 2006
アイヌケシマグソコガネ属

Genus
Psammodius Fallén, 1807
ケシマグソコガネ属

Genus
Leiopsammodius Rakovič, 1981
ヤマトケシマグソコガネ属

Genus
Platytomus Mulsant, 1842
ヒメヤマトケシマグソコガネ属

Tribe
RHYSSEMINI
ホソケシマグソコガネ族

Genus
Trichiorhyssemus Clouët, 1901
ホソケシマグソコガネ属

Genus
Neotrichiorhyssemus Rakovič et Kral, 1997
ヒメケシマグソコガネ属

Subtribe
RHYSSEMINA
ホソケシマグソコガネ亜族

Genus
Myrhessus Balthasar, 1955
コケシマグソコガネ属

Tribe
ODOCHILINI
スジケシマグソコガネ族

Genus
Odochilus Harold, 1877
スジケシマグソコガネ属

Tribe
RHYPARINI
カクマグソコガネ族

Genus
Rhyparus Westwood, 1843
カクマグソコガネ属

Subfamily
AEGIALIINAE
ニセマグソコガネ亜科

Tribe
AEGIALIINI
ニセマグソコガネ族

Genus
Aegialia Latreille, 1807
ニセマグソコガネ属

Genus
Psammoporus Thomson, 1863
ナガニセマグソコガネ属

Genus
Caelius Lewis, 1895
トゲニセマグソコガネ属

Atlas of Japanese Scarabaeoidea   Vol.1 Coprophagous group
ISBN 978-4-902649-07-9

Date of publication : September 1st, 2008
Editors & Authors : Kawai, S., Hori, S., Kawahara, M. and Inagaki, M.
Editorial Supervisor : The Japanese Society of Scarabaeoideans (Tokyo, Japan)
Printed by TAITA Publishers (Czech Republic)
Published by Roppon-Ashi Entomological Books (Tokyo, Japan)
  Sanbanchō MY building, Sanbanchō 24-3, Chiyoda-ku, Tokyo, 102-0075 JAPAN
  Phone: +81-3-6825-1164   Fax: +81-3-5213-1600
  URL: http://kawamo.co.jp/roppon-ashi/
  E-MAIL: roppon-ashi@kawamo.co.jp
Retail price: JPY3,000 + sales tax

Copyright©2008 Roppon-Ashi Entomological Books
All rights reserved. No part or whole of this publication may be reproduced
without written permission of the publisher.

日本産コガネムシ上科図説　第1巻 食糞群　〈普及版〉
ISBN 978-4-902649-07-9

発行日： 2008年9月1日　第1刷
編・著： 川井 信矢・堀 繁久・河原 正和・稲垣 政志
監　修： コガネムシ研究会
印　刷： TAITA Publishers (Czech Republic)
発行者： 川井 信矢
　　　　 昆虫文献 六本脚
　　　　 〒102-0075　東京都千代田区三番町24-3　三番町MYビル
　　　　 TEL: 03-6825-1164　FAX: 03-5213-1600
　　　　 URL: http://kawamo.co.jp/roppon-ashi/
　　　　 E-MAIL: roppon-ashi@kawamo.co.jp
定　価： 本体3,000円＋税

　本書の一部あるいは全部を無断で複写複製することは，法律で認められた場合を除き，
著作権者および出版社の権利侵害となります．あらかじめ小社あて許諾をお求め下さい．

ISBN978-4-902649-07-9
C0645 ¥3000E

定価（本体3000円＋税）
昆虫文献 六本脚